U0731123

· 高等学校计算机基础教育教材精选 ·

数据库开发案例教材

（SQL Server 2008+Visual Studio 2010综合开发）

王　红　陈功平　主编

张兴元　黄存东　张寿安　张志刚　副主编

李家兵　曹维祥　胡　君　金先好　胡　琼　金宗安　参编

清华大学出版社

北京

内 容 简 介

本书以 SQL Server 2008 和 Visual Studio 2010 为主要讲解对象,介绍 SQL Server 2008 的基本操作,并结合 Visual Studio 2010 开发环境开发数据库应用系统,使用 ASP. NET 4.0 技术,逐步构建一个典型的小型"学生选课管理系统",该系统既有数据库管理系统的基本操作,又有数据库应用开发的内容,综合应用性强。

本书通过案例编排知识点,以数据库应用和能力培养为本,以知识讲解为辅,核心内容集中在数据库对象的创建和管理,包括数据库、数据表、视图、默认、规则、存储过程、触发器、函数,重点内容集中在采用 T-SQL 语言创建和管理数据库对象,并将数据库的基本操作用 Visual Studio 2010 技术在前台页面实现。

本书精心设计案例,循序渐进地构建系统,由简入难,理论联系实际,适合高职和应用型本科院校师生使用,同时也可作为数据库应用系统初级开发人员的参考书。

本书封面贴有清华大学出版社防伪标签,无标签者不得销售。

版权所有,侵权必究。侵权举报电话:010-62782989　13701121933

图书在版编目(CIP)数据

数据库开发案例教材(SQL Server 2008＋Visual Studio 2010 综合开发)/王红,陈功平主编.--北京:清华大学出版社,2013(2019.2重印)

高等学校计算机基础教育教材精选

ISBN 978-7-302-33476-7

Ⅰ.①数…　Ⅱ.①王…②陈…　Ⅲ.①关系数据库系统-高等学校-教材　Ⅳ.①TP311.138

中国版本图书馆 CIP 数据核字(2013)第 191311 号

责任编辑:袁勤勇　赵晓宁
封面设计:傅瑞学
责任校对:白　蕾
责任印制:杨　艳

出版发行:清华大学出版社
　　　　　网　　　址:http://www.tup.com.cn,http://www.wqbook.com
　　　　　地　　　址:北京清华大学学研大厦 A 座　　　　邮　　编:100084
　　　　　社 总 机:010-62770175　　　　　　　　　　　　邮　　购:010-62786544
　　　　　投稿与读者服务:010-62776969,c-service@tup.tsinghua.edu.cn
　　　　　质量反馈:010-62772015,zhiliang@tup.tsinghua.edu.cn
　　　　　课件下载:http://www.tup.com.cn,010-62795954
印 装 者:北京九州迅驰传媒文化有限公司
经　　销:全国新华书店
开　　本:185mm×260mm　　　　　　印　张:14　　　　　字　　数:322 千字
版　　次:2013 年 9 月第 1 版　　　　　　　　　　　　　印　　次:2019 年 2 月第 8 次印刷
定　　价:35.00 元

产品编号:054265-03

前言

当前高职院校的专业课程教学逐渐采用"教、学、做"一体、"项目整合"、"任务驱动"的教学方式。随着网络技术的发展,各类网络平台中的后台数据管理越来越重要,数据库应用系统的开发设计能力已经成为各类院校计算机相关专业学生的必备技能。微软公司的 SQL Server 数据库管理系统功能强大、应用广泛,在数据管理方面有自己独特的优势。

本书主要面向高职教育教学,以实际应用和案例实现为主,理论知识讲解为辅,论述准确,讲解详细,案例充足,图文并茂,并有配套的实验课教学内容。以 SQL Server 2008 数据库管理系统为后台数据支撑,配合 Visual Studio 2010 开发平台设计实现前台页面功能,基于学生熟悉的"学生选课管理系统"为开发任务,以 B/S 模式为开发架构,分化整合为 5 个项目,每个项目由不同数量的任务构成,每个任务均为实际操作内容,配合一定的理论知识讲解,逐步细致地讲解数据库应用系统的开发过程。

- 项目 1 实现数据库的创建、管理、备份、还原以及 ADO. NET 连接;
- 项目 2 实现数据表的创建、管理,表数据的增加、修改、删除,使用约束实现数据完整性,设计并实现表数据的添加和删除页面;
- 项目 3 使用 T-SQL 语言完成数据查询,以单表、多表、子查询为核心,利用查询技术完成信息修改、用户登录页面功能;
- 项目 4 主要围绕 Visual Studio 开发技术,实现用户控件、导航控件、数据控件的制作及使用,完成首页设计;
- 项目 5 以 Windows Server 2003 操作系统为载体,发布和部署"学生选课管理系统"。

由于编者水平有限,书中存在的缺点和不足,敬请读者、同行批评指正,有关信息请发送至 wh0115140@126.com。

编　著

2013 年 8 月

目录

项目 **1** 创建"学生选课管理系统"数据库

【能力要求】

- 具备理解关系数据库中基本概念的能力；
- 学会开发数据库应用系统的基本步骤；
- 能够使用图形化和命令两种方式创建和管理数据库；
- 能够使用 ADO. NET 技术以类封装形式实现数据库连接；
- 能够完成必要的数据库的备份和还原任务。

【任务分解】

- 任务 1-1　数据库系统基本概念。
- 任务 1-2　安装 SQL Server 2008 和 Visual Studio 2010。
- 任务 1-3　创建和管理数据库。
- 任务 1-4　备份和还原数据库。
- 任务 1-5　配置服务器的安全。
- 任务 1-6　使用 ADO. NET 技术连接 SQL 数据库。

【教学重难点】

- 创建和修改数据库；
- ADO. NET 连接数据库的方法；
- 备份和还原数据库。

【自主学习内容】

以"邮件应用系统"为开发任务，设计数据库；确定数据库名、存储位置、文件增长方式等属性；为数据库创建两个不同方式认证的用户，具备操作邮箱数据库的最高权限；在 Visual Studio 中，创建"邮件应用系统"网站，创建数据库连接类，用于连接到邮箱数据库，设计一个页面验证该类是否可以正确连接邮箱数据库。

任务 1-1　数据库系统基本概念

1.1.1　数据库的基本概念

1. 信息

信息(Information)用于表示客观事物的属性,所反映的是关于某一客观系统中某一事物的某一方面属性或某一时刻的表现形式。

2. 数据

数据(Data)是信息的体现形式,用于描述客观事物属性的符号记录,可以是数字、文字、图形、图像、声音及语言等,经过数字化后存入计算机,是信息的载体。对客观事物属性的记录是用一定的符号来表达的,因此可以说数据是信息的具体表现形式。

数据通常由值和属性构成。例如,身高可以是 1.6 米,也可以是 160 厘米,1.6 和 160 是值,米和厘米是属性。

3. 数据库

数据库(DataBase,DB)是按照一定的数据结构来组织、存储和管理数据的仓库,数据库技术产生于 20 世纪 60 年代,是长期存储在计算机内、有组织、可共享的数据集合,具有最小冗余度、较高的数据独立性和易扩展性。

4. 数据库管理系统

数据库管理系统(DataBase Management System,DBMS)是一种操纵和管理数据库的软件,是位于用户和操作系统之间的系统软件,可以实现建立、管理和维护数据库,可以保证数据库的安全性和完整性,用户通过 DBMS 访问数据库中的数据。

5. 数据库系统

加入了数据库后的计算机系统称为数据库系统(DataBase System,DBS),通常由数据、数据库、数据库管理系统及其开发工具、应用系统、数据库管理员和用户构成。

1.1.2　数据模型

数据模型(Data Model)是对客观事物及其联系的逻辑组织的描述,主流数据模型有层次模型、网状模型和关系模型三种。

1. 层次模型

层次模型(Hierarchical Model)是数据库系统最早使用的一种模型,表示数据间的从属关系,是一种以记录某一事物的类型为根结点的有向树结构。其主要特征如下:

(1) 仅有一个无双亲的根结点。

(2) 根结点以外的子结点,向上仅有一个父结点,向下有若干子结点,如图 1-1 所示。

2. 网状模型

网状模型(Network Model)是层次模型的扩展,表示多个从属关系的层次结构,呈现一种交叉关系的网络结构。其主要特征如下:

(1) 有一个以上的结点无双亲。

(2) 至少有一个结点有多个双亲。典型的网状模型如图 1-2 所示。

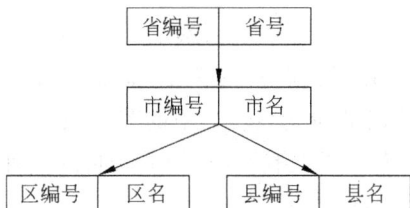

图 1-1　层次模型

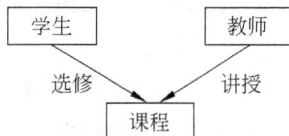

图 1-2　网状模型

3. 关系模型

关系模型(Relational Model)有严谨的关系数学理论支撑,数据规范化强,"关系"是指那种虽具有相关性而非从属性的平行的数据之间按照某种序列排列的集合关系,一个关系在逻辑上可表示成一张"二维表"。学生关系如表 1-1 所示。

表 1-1　学生关系表

学号	姓名	性别	出生日期	联系电话
001	Jim	男	1998 5 8	1
002	Jack	男	1999-5-8	2
003	Rose	女	1998-4-8	3
004	Lucy	女	1998-5-5	4
005	Lily	女	2001-6-7	5
006	张三	男	1998-12-31	6

关系模型的主要特点如下:

(1) 关系中的列称为属性或字段,且不可再分,每个字段的取值是同质的,且顺序可以任意调换,上面的学生关系表有 5 个字段。

若上述的学生关系表中出现了"父母亲姓名"字段,则不满足属性的不可再分要求,可分割为"父亲姓名"和"母亲姓名"两个属性。

(2) 关系中的行称为元组或记录,用于表示一个客观事物,每行由多个属性组成,记录的先后顺序也可以任意调换,上面的学生关系表有 6 条记录。

(3) 一个关系就是一张二维表,不允许出现相同的字段名和记录行。

1.1.3　关系数据库

1. 关系数据库的基本概念

(1) 记录:也叫元组,二维表中的行,由多个数据项组成。

（2）字段：也叫属性，二维表中的列，每个字段下的值有相同的属性。

① 关键字段：能唯一标识一条记录的字段或字段集。

② 主键：能唯一标识一条记录，且没有多余字段。

③ 外键：也叫外码，若关系表1的主键出现在关系表2中，则关系表2中该字段或字段集称作关系表1的外键。

（3）关系表间的联系。

一对一（可记作 1∶1）：关系表1中的每条记录最多和关系表2中的一条记录关联，反之亦然，这样的关联叫做一对一关联，如班级与班长、学校和校长之间的关联。

一对多（可记作 1∶n）：关系表1中的每条记录和关系表2中的若干记录关联，关系表2中的每条记录最多只和关系表1中的一条记录关联，这样的关联叫做一对多关联，如班级与副班长、学校和副校长之间的关联。

多对多（可记作 m∶n）：关系表1中的每条记录和关系表2中的若干条记录关联，反之亦然，这样的关联就叫做多对多关联，如教师和学生（一个教师可以有多个学生，一个学生也可以有多个教师）、学生和课程（一个学生可以学多门课程，一门课程也可以有多个学生学）之间的关联。

数据库中可以直接实现 1∶1 和 1∶n 关联，而 m∶n 关联则需要转换成多个 1∶n 关联来间接地实现多对多关联。

多对多关联在现实中是最常见的，本书的"学生选课管理系统"数据库中的主要关系就是一个非常典型的多对多关联。

2. 关系数据库的数据完整性

（1）实体完整性：要求二维表中的记录（行）没有重复，在 SQL Server 数据库管理系统中可通过主键（Primary Key）、唯一键（Unique Key）和标识列（Identity）实现实体完整性。

（2）域完整性：要求字段（列）的取值在一定范围内，在 SQL Server 数据库管理系统中可通过字段的数据类型、数据宽度和检查约束实现。

（3）参照完整性：是指表间的数据一致性，在 SQL Server 数据库管理系统中可通过主键和外键（Foreign Key）的关联实现。

1.1.4 数据库应用系统开发的基本步骤

1. 需求分析与可行性分析

需求分析在整个数据库应用系统开发中占了很重要的地位，但在学习阶段容易被忽视。需求分析的主要目的是了解用户对系统的具体要求，开发人员根据用户需求，进行数据分析、功能分析，并在此基础上进行必要的可行性分析，如时间可行性、技术可行性、人员可行性、资金可行性等。

2. 数据库设计

可行性通过后就可以着手应用系统的开发，首先要将数据分析的结果用数据库应用系统实现。

1）数据库的逻辑设计

设计数据库的逻辑结构，与具体的 DBMS 无关，包括选择数据库产品，确定数据库实体属性（字段）、数据类型、长度、精度确定等各项技术，可采用"实体联系模型"（E-R 模型）来描述数据库的结构与语义，是对现实世界的第一次抽象。

2）数据库的物理设计

数据库的物理设计是将数据库逻辑设计阶段的成果用实际的 DBMS 设计出来，这里采用 SQL Server 2008 系统设计数据库的物理结构。

教材中的项目 1 和项目 2 重点实现数据库设计。

3. 系统功能设计

系统功能设计阶段采用页面开发工具，开发数据操纵页面来实现数据管理任务，主要工作有创建数据库访问类、用户界面设计与编码、数据输出设计、数据库的维护功能设计，本书将系统功能设计分散在各个项目中。

4. 系统测试

系统测试主要用来测试系统的功能是否完备，是否满足用户的需求，系统有没有漏洞，系统的稳定性如何，用户界面是否友好等。测试阶段发现的错误均要及时修改或重新设计，是系统交付用户使用前的必经步骤。

5. 系统运行与维护

运行与维护属于软件系统的售后服务，包括交付后出现的错误、用户的新需求等。运行与维护阶段的时间较长，运行与维护人员往往不是同一组人。因此在软件开发过程中，设计人员要遵守惯例、遵循网站文件分布、命名等一系列规范，编码要有注释，这样不仅方便自己管理，也可以让同组人员和运行与维护人员快速入手。

任务 1-2　安装 SQL Server 2008 和 Visual Studio 2010

1.2.1　安装 SQL Server 2008

1. SQL Server 2008 数据库管理系统简介

SQL Server 2008 是 Microsoft 公司在 SQL Server 2005 基础上设计开发的一款收费软件，是一款功能强大、内容丰富的关系数据库管理系统，主要的功能组件有数据库引擎（DataBase Engine）、一体化服务（Integration Services）、数据分析服务（Analysis Services）、报表服务（Reporting Services）。

除了微软公司的 SQL Server 系列的关系数据库管理系统，其他常见的关系数据库管理系统有开源的 MYSQL、IBM 公司的 DB2、甲骨文公司的 Oracle、Sybase 公司的 Sybase 等。

2. SQL Server 2008 数据库管理系统版本

SQL Server 2008 的版本较多,每个版本对计算机软硬件要求有所不同,不同版本所具备的功能和应用范围均不相同。SQL Server 2008 数据库的版本情况如表 1-2 所示。

表 1-2　SQL Server 2008 的各个版本

版　　本	介　　绍
企业版 Enterprise (x86、x64 和 IA64)	SQL Server 的完整版,具备高扩展性和性能优异的企业级数据库服务器,可以为运行安全的业务关键应用程序提供企业级可扩展性、性能、高可用性和高级商业智能功能。目前可以使用的 Enterprise 是可试用 180 天的 SQL Server 2008 Enterprise Evaluation
标准版 Standard (x86 和 x64)	部门级应用程序数据库服务器(适用于大多数的中小型企业),SQL Server Standard 是一个提供易用性和可管理性的完整数据平台。它的内置业务智能功能可用于运行部门应用程序
开发者版 SQL Server 2008 Developer (x86、x64 和 IA64)	SQL Server 2008 Developer 支持开发人员构建基于 SQL Server 的任一种类型的应用程序。它包括 SQL Server 2008 Enterprise 的所有功能,但有许可限制,只能用作开发和测试系统,而不能用作生产服务器。SQL Server 2008 Developer 是构建和测试应用程序的人员的理想之选。可以升级 SQL Server 2008 Developer 以将其用于生产用途
工作组版 SQL Server 2008 Workgroup (x86 和 x64)	是运行分支位置数据库的理想选择,提供一个可靠的数据管理和报告平台,其中包括安全的远程同步和管理功能
网络版 SQL Server 2008 Web (x86 和 x64)	对于为从小规模至大规模 Web 资产提供可扩展性和可管理性功能的 Web 宿主和网站来说,SQL Server 2008 Web 是一项总拥有成本较低的选择
简化版 SQL Server 2008 Express(x86 和 x64) SQL Server Express with Advanced Services (x86 和 x64)	SQL Server Express 数据库平台基于 SQL Server 2008。它也可用于替换 Microsoft Desktop Engine(MSDE)。SQL Server Express 与 Visual Studio 集成,从而开发人员可以轻松开发功能丰富、存储安全且部署快速的数据驱动应用程序。 SQL Server Express 免费提供,且可以由 ISV 再次分发(视协议而定)。SQL Server Express 是学习和构建桌面及小型服务器应用程序的理想选择,也是独立软件供应商、非专业开发人员和热衷于构建客户端应用程序的人员的最佳选择。如果您需要使用更高级的数据库功能,则可以将 SQL Server Express 无缝升级为更复杂的 SQL Server 版本
移动版 Compact 3.5 SP1(x86) Compact 3.1(x86)	SQL Server Compact 免费提供,是生成用于基于各种 Windows 平台的移动设备、桌面和 Web 客户端的独立和偶尔连接的应用程序的嵌入式数据库理想选择

3. 硬件、软件环境要求

1) 处理器及内存要求

表 1-3 列出了各版本对处理器及内存要求。

2) 硬盘空间的要求

组件对硬盘空间的要求如表 1-4 所示。

表 1-3　SQL Server 2008 各版本对 CPU 和内存的要求

版　　本	处理器型号	处理器速度	内存(RAM)
企业版(Enterprise Edition) 标准版(Standard Edition) 开发者版(Developer Edition) 工作组版(Workgroup Edition)	Pentium Ⅲ 及其兼容处理器,或者更高型号	32 位至少 1.0GHz,推荐 2.0GHz 或更高;64 位至少 1.4GHz,推荐 2.0GHz 或更高	至少 512MB,推荐 1GB 或更大
SQL Server 2008 简化版 (Express Edition)	同上	同上	至少 256MB,推荐 512MB 或更大

表 1-4　各组件对硬盘空间的要求

组件或服务	空间要求
数据库引擎及数据文件,复制,全文搜索等	280MB
分析服务及数据文件	90KB
报表服务和报表管理器	120MB
通知服务引擎组件以及规则组件	120MB
集成服务	120MB
客户端组件	850MB
SQL Server 联机图书以及移动联机图书	240MB
范例以及范例数据库	390MB

　　其他硬件要求如显示器分辨率至少在 1024×768 像素之上、要有鼠标或兼容的点触式设备、CD 或 DVD 驱动器、网络适配器等。这些硬件需求 PC 和笔记本基本能够达到。

　　3) 软件需求

　　(1) 支撑软件需求。

　　NET Framework 3.5 SP1、SQL Server Native Client、SQL Server 安装程序支持文件、SQL Server 安装程序要求使用 Microsoft Windows Installer 4.5 或更高版本。SQL Server 2008 安装文件中自带了安装包,如计算机中未安装功能组件,可以自动实现安装。

　　(2) 操作系统需求。

　　各版本需求如表 1-5 所示。

表 1-5　各版本对操作系统的要求(节选)

版　　本	操 作 系 统
企业版(64 位)IA64	Windows Server 2008 64 位 Windows Server 2003 SP2 64 位 Windows Server 2003 SP2 64 位
企业版(64 位)x64	Windows XP Professional 2003 64 位 Windows Server 2003 SP2 64 位 x64 Standard Windows Server 2003 SP2 64 位 x64 Data Center Windows Server 2003 SP2 64 位 x64 Enterprise Windows Vista 64 位 x64 Windows Vista 64 位 x64 Home Premium Windows Vista 64 位 Home Basic

版　　本	操　作　系　统
企业版(64 位)x64	Windows Vista 64 位 x64 Enterprise Windows Vista 64 位 x64 Business Windows Server 2008 64 位 x64 Standard Windows Server 2008 64 位 x64 Standard(不带 Hyper-V) Windows Server 2008 64 位 x64 Data Center Windows Server 2008 64 位 x64 Data Center(不带 Hyper-V) Windows Server 2008 64 位 x64 Enterprise Windows Server 2008 64 位 x64 Enterprise(不带 Hyper-V)
企业版(32 位)	常见的操作系统均可,详细参考 SQL Server 2008 联机丛书"安装 SQL Server 2008 的硬件和软件要求"
标准版(64 位)x64	Windows XP Professional x64 Windows Server 2003 SP2 64 位 x64 Standard Windows Server 2003 SP2 64 位 x64 Data Center Windows Server 2003 SP2 64 位 x64 Enterprise Windows Vista Ultimate x64 Windows Vista Enterprise x64 Windows Vista Business x64 Windows Server 2008 x64 Web Windows Server 2008 x64 Standard 和 Windows Server 2008 x64 Standard(不带 Hyper-V)Windows Server 2008 x64 Data Center 和 Windows Server 2008 x64 Data Center(不带 Hyper-V) Windows Server 2008 x64 Enterprise 和 Windows Server 2008 x64 Enterprise(不带 Hyper-V)

详细的软硬件需求参考 SQL Server 2008 联机丛书"安装 SQL Server 2008 的硬件和软件要求"。安装时如果计算机软硬件需求不符,则会提示错误,不能完成安装。

4. SQL Server 2008 数据库系统的安装

SQL Server 2008 数据库系统的安装步骤如下:

(1) 找到安装文件下的 📦 文件,双击后会自动运行安装程序,如果是首次安装,还
会安装.NET Framework,只需确认即可自动安装,如图 1-3 和图 1-4 所示。

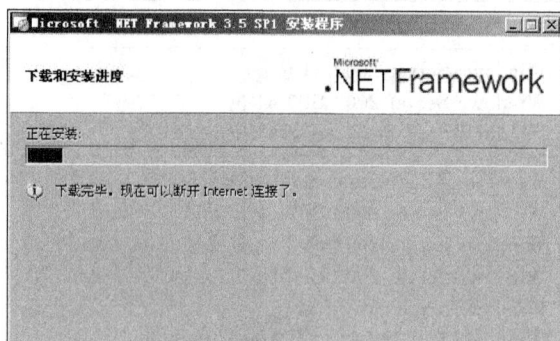

图 1-3　下载安装.NET Framework 的进度

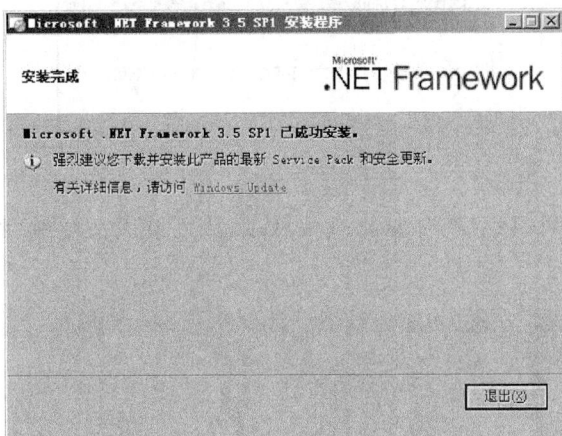

图 1-4　.NET Framework 安装成功

（2）在图 1-4 中，单击"退出"按钮，系统自动进入.NET Framework 语言包的安装，如图 1-5 所示。安装完成后系统会自动进入 SQL Server 安装中心，如图 1-6 所示。

图 1-5　.NET Framework 语言包的安装

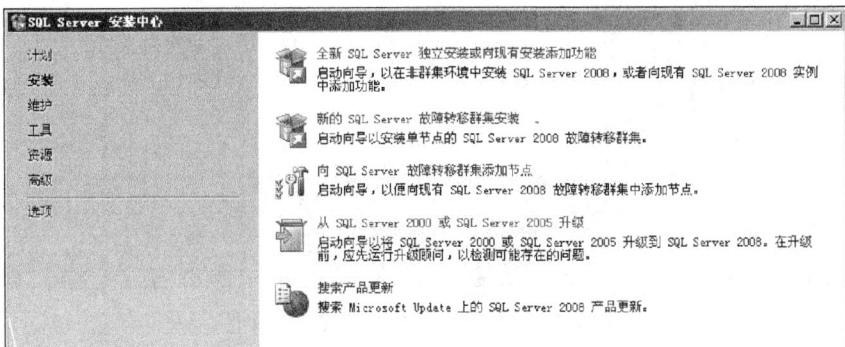

图 1-6　SQL Server 安装中心

（3）SQL Server 安装中心中可执行计划、安装、维护等多种安装操作，这里选择"安装"项，然后选择"全新 SQL Server 独立安装或向现有安装添加功能"项，出现如图 1-7 所示的处理对话框，等待一段时间，自动出现安装的后续窗口。

（4）先要执行"安装程序执行规则"界面，如果软硬件条件均满足，则可全部通过；如

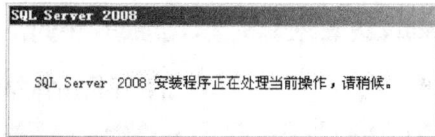

图 1-7　SQL Server 安装等待对话框

果出现警告项,安装可以继续;如果出现失败项,则安装无法继续,将问题解决后继续安装,如图 1-8 所示。

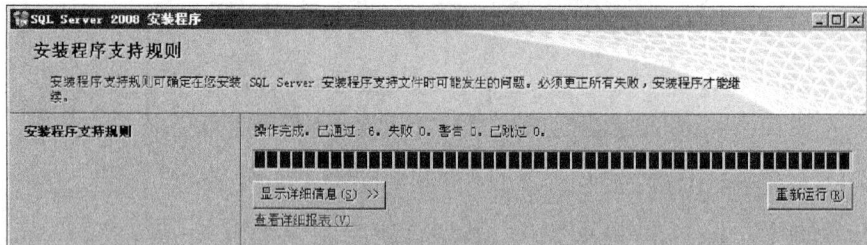

图 1-8　SQL Server 安装程序执行规则

(5)"安装程序支持规则"通过后进入"安装程序支持文件"界面,如图 1-9 所示。

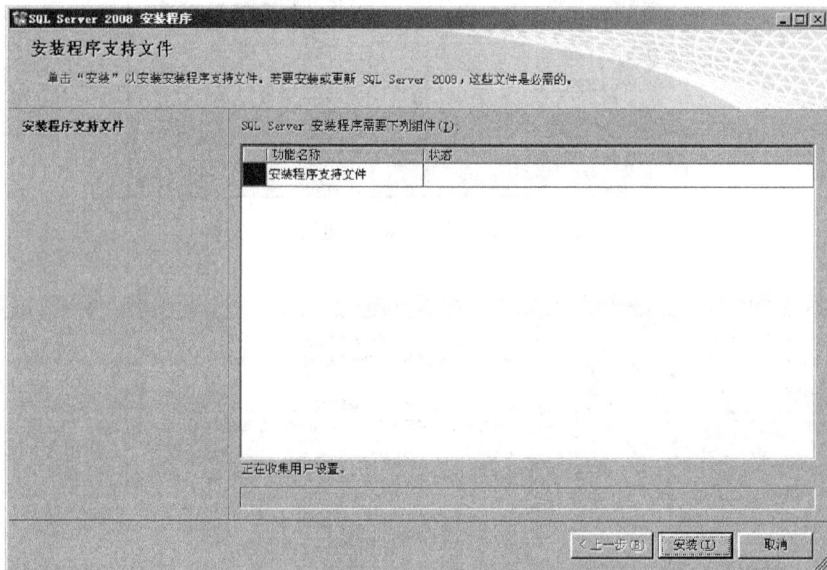

图 1-9　SQL Server 安装程序支持文件

　　(6)单击"安装"按钮,安装结束后弹出如图 1-10 所示的窗口,失败项为 0 可继续安装,否则无法继续安装。

　　(7)单击"下一步"按钮,选择"执行 SQL Server 2008 的全新安装"单选按钮,如果计算机上已安装过 SQL Server 2008 的实例,则会将所有实例的名字显示在"已安装的实例"列表框中,如图 1-11 所示,图中实例名为"SQLEXPRESS"的为简化版,实例名为MSSQLSERVER 的是本机默认实例。

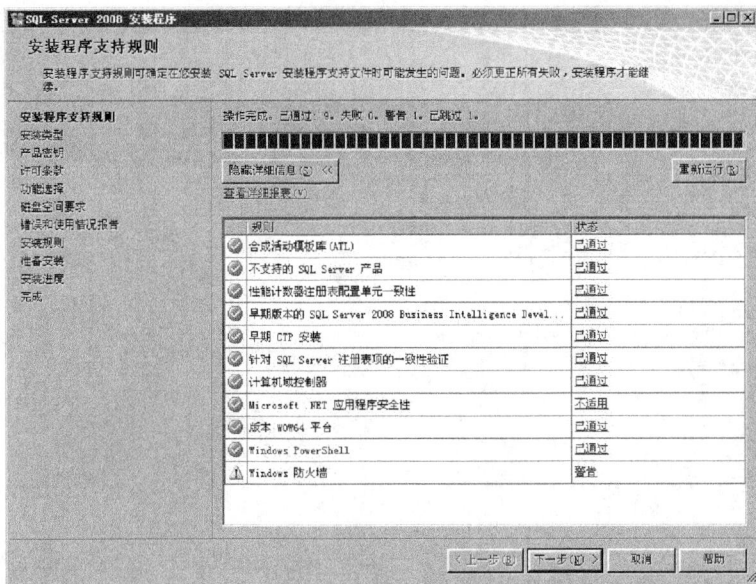

图 1-10　安装程序支持规则情况统计

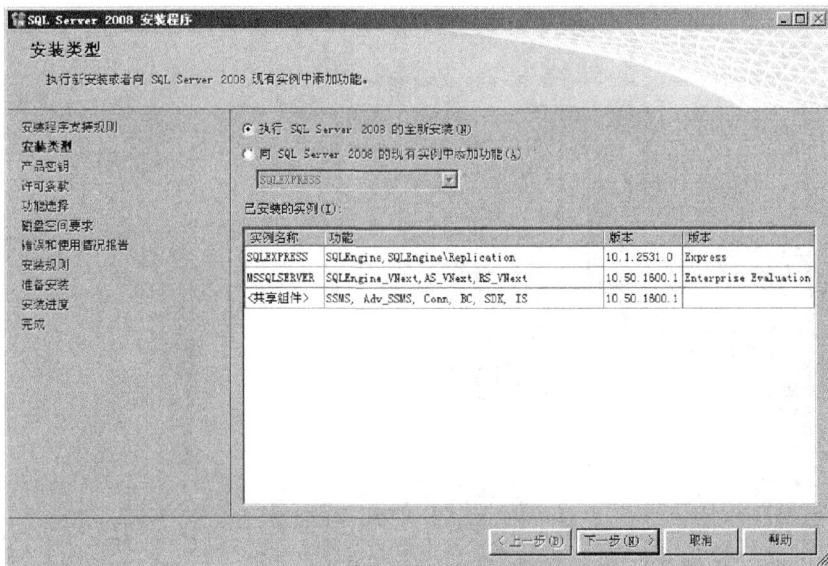

图 1-11　安装类型选择

（8）单击"下一步"按钮，在出现的产品密钥中选择"指定可用版本"单选按钮，并选择 Enterprise Evaluation 项，此版本可试用 180 天，非试用版要购买软件，如图 1-12 所示。

（9）单击"下一步"按钮，选中"接受许可条款"复选框后，单击"下一步"按钮，出现"功能选择"界面，单击"全选"按钮，安装程序将安装所有本机未安装的功能，功能设置如图 1-13 所示。若是第一次安装，则所有复选框均可选；不是第一次安装则公共组件部分无须再次安装，图中的灰色选项是已安装的公共组件。

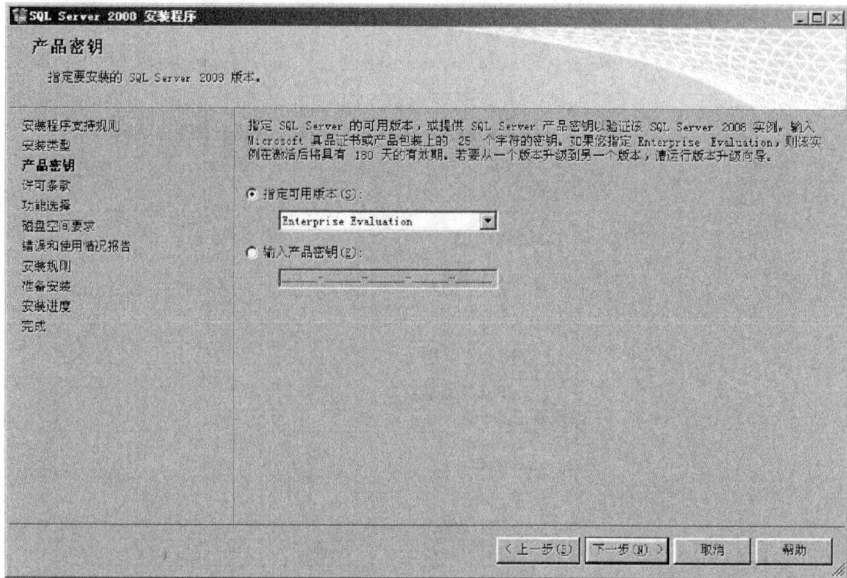

图 1-12　产品密钥选择

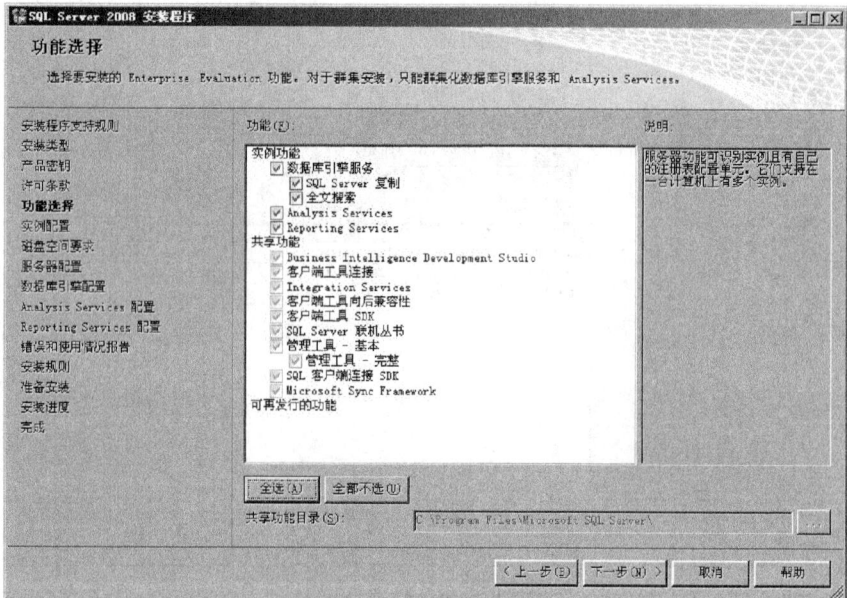

图 1-13　功能选择设置

（10）在图 1-13 中，单击"下一步"按钮，出现"实例配置"界面，SQL Server 数据库可以在一台计算机上安装多个实例，通常在第一次安装时选择默认实例，本次安装选择命名实例，并输入与现有实例不重复且不违反命名规则的实例名 MY_SQL，如图 1-14 所示，单击"下一步"按钮后进入"磁盘空间要求"界面，如果磁盘空间不足则无法继续安装，足够则继续单击"下一步"按钮。

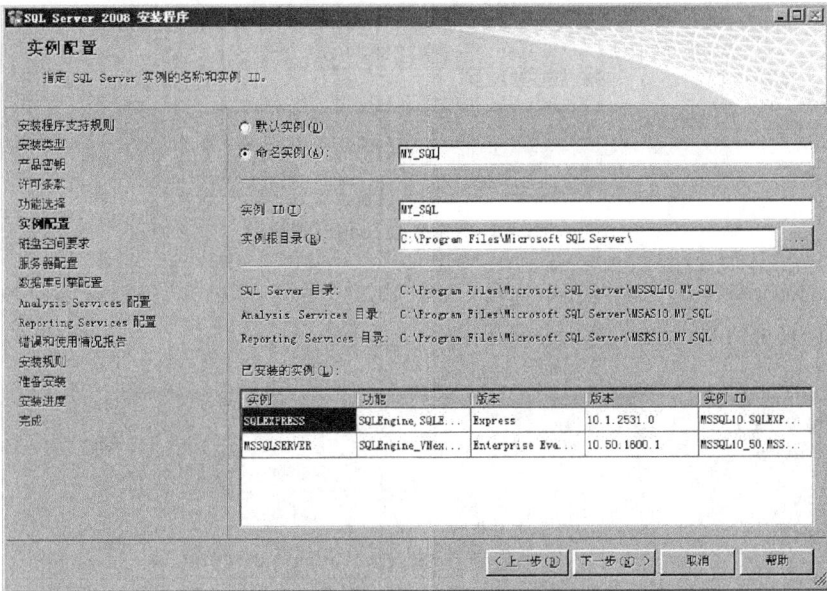

图 1-14　实例配置

（11）服务器配置界面是安装的关键环节,如果选择不正确会影响安装以及安装后的使用,主要是对服务账户的设置,服务账户可通过下拉列表逐个选择,如图 1-15 所示。也可以通过单击"对所有 SQL Server 服务使用相同的账户"按钮,选择使用相同账户,出现如图 1-16 所示的对话框。

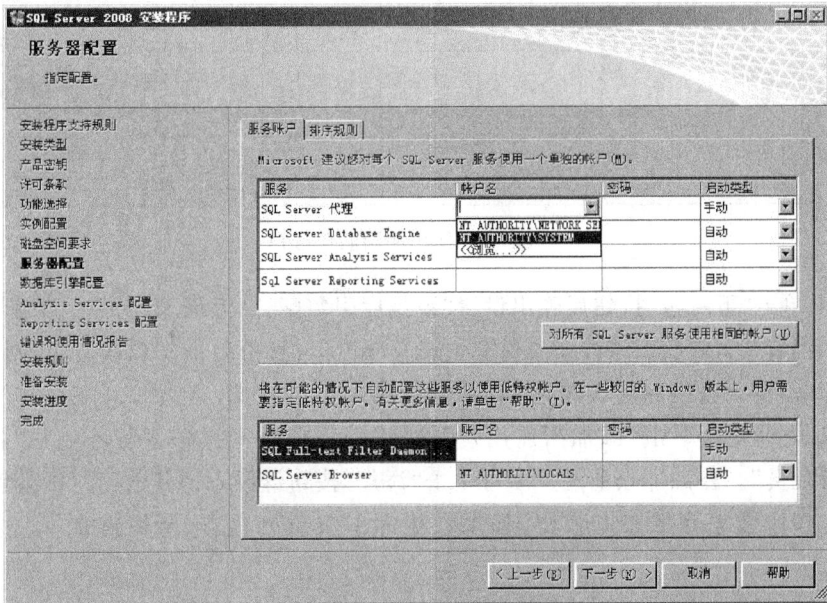

图 1-15　逐个设置账户

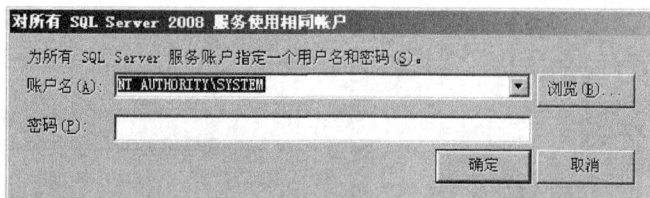

图 1-16 设置使用相同账户

(12) 本次安装从下拉列表中选择 SYSTEM 项,密码不输入,确定后则服务账户均为 NT AUTHORITY\SYSTEM,如图 1-17 所示。

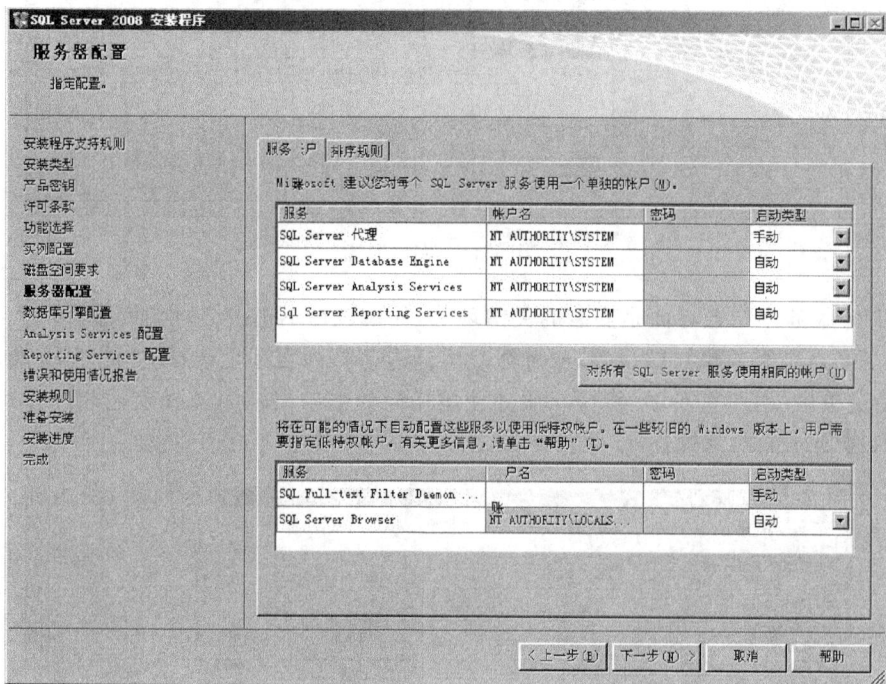

图 1-17 使用相同服务账户

(13) 单击"下一步"按钮后弹出设置"数据库引擎配置"界面,数据库引擎配置非常关键,选择"混合模式(SQL Server 身份验证和 Windows 身份验证)"单选按钮,则密码框呈可输入状态,输入密码和确认密码 123456(密码可自己选择,是为 SQL Server 身份验证的管理员 sa 设置),单击"添加当前用户"按钮,将当前登录操作系统的用户"指定 SQL Server 管理员"。在添加当前用户后可单击"添加"按钮继续添加其他用户作为管理员(管理员拥有操作数据库的最高权限,如果数据库中有重要信息,请慎重选择),如图 1-18 所示。

(14) 数据目录标签可设置数据库目录的安装路径,可以通过该标签更改默认安装路径,推荐使用系统默认的路径。

(15) 继续单击"下一步"按钮,在"Analysis Services 配置"界面中单击"添加当前用

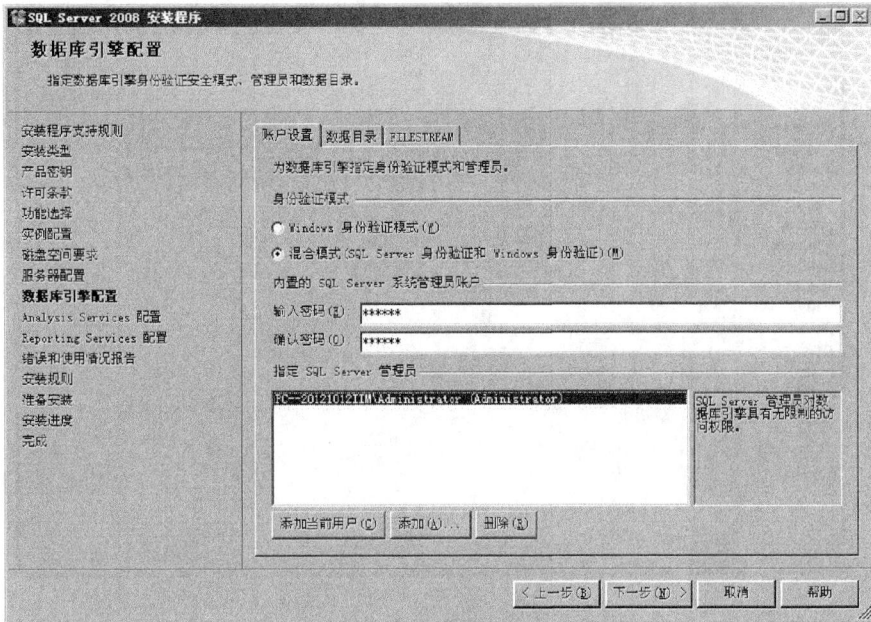

图 1-18　数据库引擎配置

户"按钮,如图 1-19 所示。后续出现的界面可不改变配置,直接单击"下一步"按钮或"安装"按钮,则可进行安装,安装进度如图 1-20 所示。

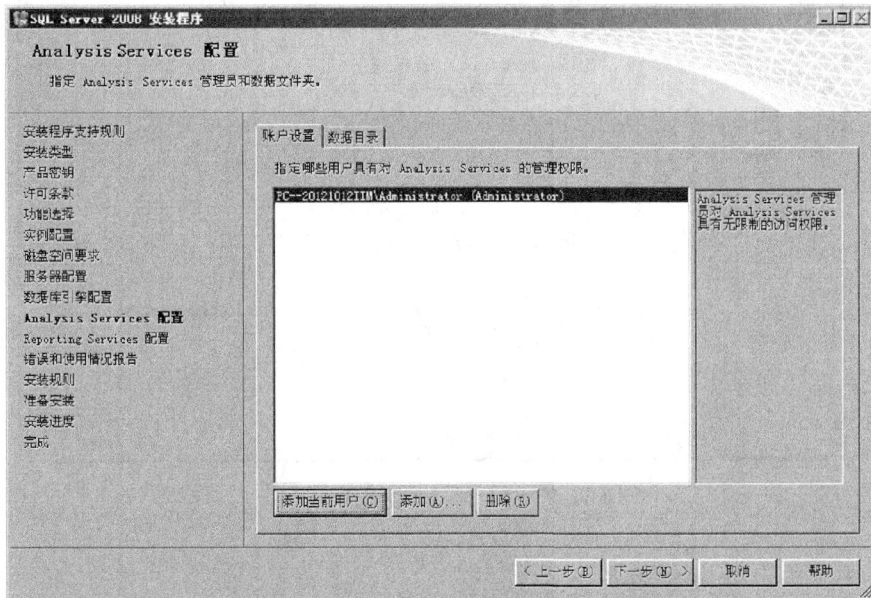

图 1-19　Analysis Services 配置

（16）当安装进度完成后,出现完成界面,如图 1-21 所示。单击"关闭"按钮即可完成 SQL Server 2008 的安装。

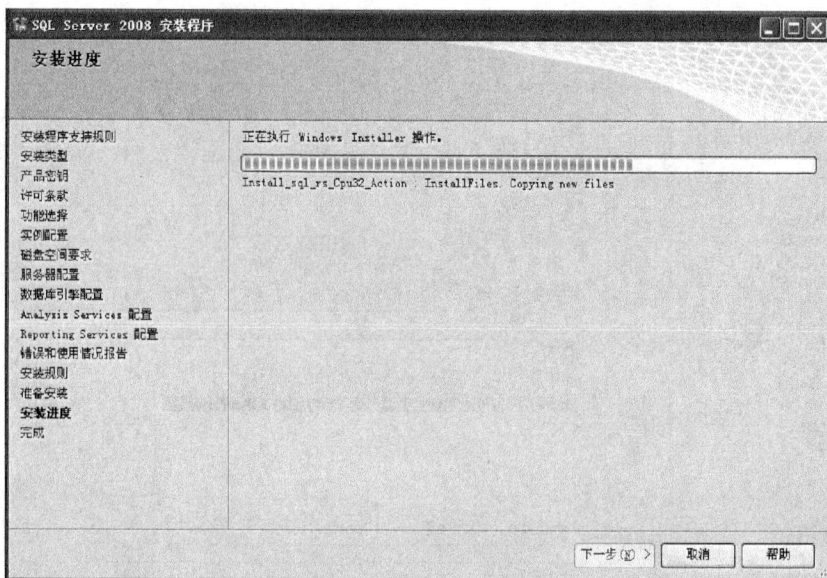

图 1-20　安装进度

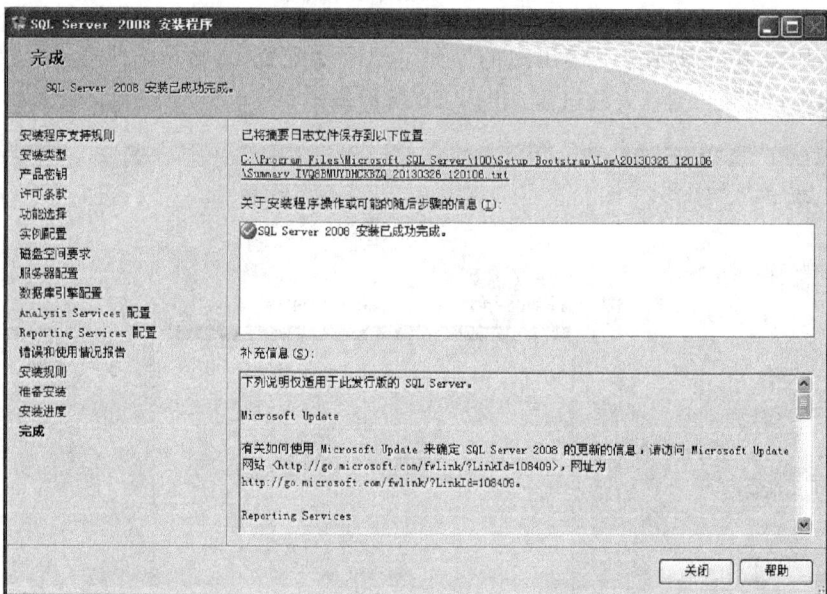

图 1-21　安装完成

5. 服务的启动、暂停和停止

SQL Server 各组件的功能以服务的形式来保证其可用性，类似邮局的邮寄包裹、邮寄信件服务。当邮局的邮寄包裹服务启动时，可以到邮局办理该项业务，如果该服务停止或暂停，则无法办理。同理，如果 SQL Server 中的某组件服务暂停或停止则无法使用，只有在启动状态下方可使用。

1) 使用配置管理器管理服务

从"开始"菜单"程序"处展开 Microsoft SQL Server 2008 的"配置工具"选择"SQL Server 配置管理器",如图 1-22 所示。

图 1-22　展开配置管理器

"SQL Server 配置管理器"是一个图形化的、用于管理"SQL Server 服务"、"SQL Server 网络配置"的工具,如图 1-23 所示。

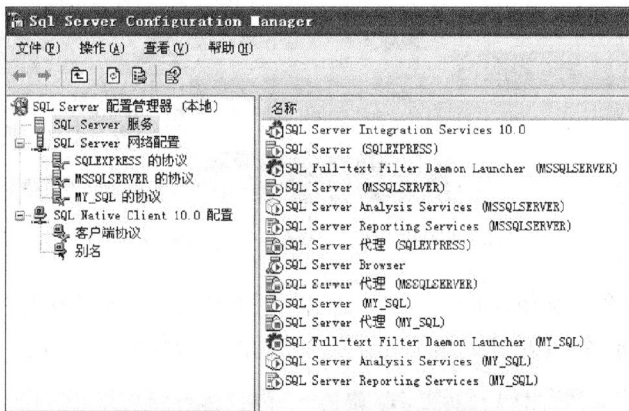

图 1-23　SQL Server 服务

在图 1-23 中,SQL Server 为数据库引擎服务,后面括号中(MSSQLSERVER)为默认服务器实例对应的服务,SQL Server(MY_SQL)为刚安装的命名实例,绿色三角形表示服务已启动,红色方形表示服务停止,管理服务可选中相应服务名称后,在右键菜单中选择相应命令即可。

2) 使用控制面板管理服务

打开控制面板,在"控制面板"中选择"管理工具"→"服务",双击后可以查找到 SQL Server 各组件对应的服务。如图 1-24 所示,此时也可以在选中某服务名称后,在快捷菜单中选择"启动"、"暂停"、"停止"、"重新启动"等命令来实现服务管理。

3) 使用 SQL Server Management Studio 管理服务

执行"开始"→"程序"→ Microsoft SQL Server 2008 → SQL Server Management Studio 命令,如图 1-25 所示。

SQL Server Management Studio 集成了管理 SQL Server 数据库系统的各种形式的

名称	描述	状态	启动类型	登录为
Smart Card	管...		手动	本地服务
SQL Active Directory Helper 服务	支...		已禁用	网络服务
SQL Full-text Filter Daemon Launcher ...	Ser...	已启动	手动	本地服务
SQL Full-text Filter Daemon Launcher ...	Ser...		已禁用	本地服务
SQL Server (MSSQLSERVER)	提...	已启动	自动	本地系统
SQL Server (MY_SQL)	提...	已启动	自动	本地系统
SQL Server (SQLEXPRESS)	提...	已启动	自动	网络服务
SQL Server Analysis Services (MSSQLSE...	为...	已启动	自动	本地系统
SQL Server Analysis Services (MY_SQL)	为...	已启动	自动	本地系统
SQL Server Browser	将 ...	已启动	自动	本地服务
SQL Server Integration Services 10.0	为 ...	已启动	自动	本地系统
SQL Server Reporting Services (MSSQLS...	管...	已启动	自动	本地系统
SQL Server Reporting Services (MY_SQL)	管...	已启动	自动	本地系统
SQL Server VSS Writer	提...	已启动	自动	本地系统
SQL Server 代理 (MSSQLSERVER)	执...		手动	本地系统
SQL Server 代理 (MY_SQL)	执...		手动	本地系统
SQL Server 代理 (SQLEXPRESS)	执...		已禁用	网络服务
SSDP Discovery Service	启...	已启动	手动	本地服务
System Event Notification	跟...	已启动	自动	本地系统
System Restore Service	执...		已禁用	本地系统
Task Scheduler	使...	已启动	自动	本地系统

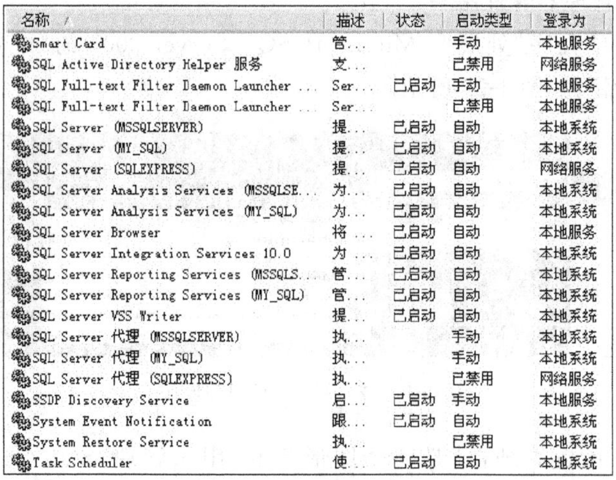

图 1-24　控制面板中的服务

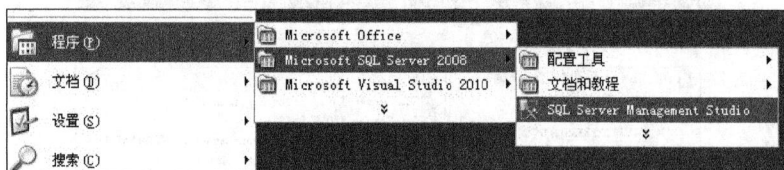

图 1-25　展开 SQL Server Management Studio

管理工具，是本书今后所使用的主要工具。首先弹出“连接到服务器”对话框，如图 1-26 所示。在连接服务器时，要求选择服务器类型、名称及身份验证模式。

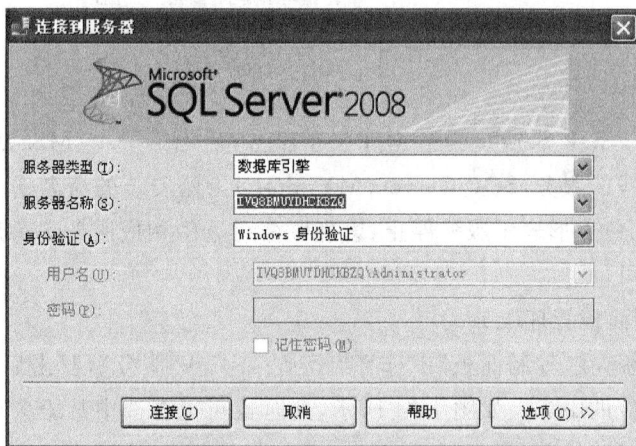

图 1-26　连接到服务器

由于安装选择的不同，可用的服务器类型也不相同，在“全选”安装下，可用的服务器类型如图 1-27 所示。

注意：如果对应服务未启动，则连接服务器会失败，只有服务为“启动”状态才可以连

图 1-27　可用服务类型

接成功。

在服务器名称中会显示当前可用的服务器名称,选择"浏览更多"项可以查看到本地(本机)和网络服务器,"本地服务器"标签显示本机上的所有可用服务器实例名,不带\的为默认实例的服务器名称,如图 1-28 所示。

图 1-28　本地服务器名称

选择数据库引擎中的 MY_SQL 服务器名称,身份验证可选"Windows 身份验证"或"SQL Server 身份验证"两种中的任意一项。选"Windows 身份验证"后无须输入密码,如果当前用户具备连接数据库引擎服务的权限,直接单击"连接"按钮即可登录到 SQL Server Management Studio;如果当前用户不具备连接数据库引擎服务的权限,则会提示相应错误信息。选"SQL Server 身份验证"则要输入用户名和密码,安装时已设置 sa 的密码,此时可以在用户名中输入 sa,密码输入 123456,单击"连接"按钮也可以连接到数据库引擎服务器,如图 1-29 所示。

图 1-29　SQL Server 身份验证连接服务器

　　连接服务器成功后,打开的 SQL Server Management Studio 界面如图 1-30 所示,在"对象资源管理器"中的当前服务器名称处右击,在弹出的菜单中也可以实现"停止"、"暂停"、"重新启动"的服务管理操作。

图 1-30　SQL Server Management Studio 管理服务

　　注意:默认实例服务器名称可以用实例名的全称表示,也可以使用英文点号"."、localhost 以及(local)等字符表示。

1.2.2　安装 Microsoft Visual Studio 2010

1. Microsoft Visual Studio 2010 简介

　　Visual Studio 是微软公司推出的综合软件开发环境平台,是目前最流行的 Windows 平台应用程序开发环境。

Visual Studio 2010 版本于 2010 年 4 月 12 日上市,其集成开发环境(IDE)的界面被重新设计和组织,变得更加简单明了;Visual Studio 2010 同时带来了 NET Framework 4.0、Microsoft Visual Studio 2010 CTP(Community Technology Preview,CTP),并且支持开发面向 Windows 7 的应用程序;除了 Microsoft SQL Server 外,它还支持 IBM 公司的 DB2 和甲骨文公司的 Oracle 数据库。

2. Microsoft Visual Studio 2010 版本

目前有专业版、高级版、旗舰版、学习版和测试版 5 个版本,各版本说明如表 1-6 所示。

表 1-6　Microsoft Visual Studio 2010 各版本介绍

版　　本	说　　明
专业版(Professional)	面向个人开发人员,提供集成开发环境、开发平台支持、测试工具等
高级版(Premium)	创建可扩展、高质量程序的完整工具包,相比专业版增加了数据库开发、Team Foundation Server(TFS)、调试与诊断、MSDN 订阅、程序生命周期管理(ALM)
旗舰版(Ultimate)	面向开发团队的综合性 ALM 工具,相比高级版增加了架构与建模、实验室管理等
测试专业版(Test Professional)	简化测试规划与人工测试执行的特殊版本,包含 TFS、ALM、MSDN 订阅、实验室管理、测试工具
学习版(Express)	Visual Studio 2010(Express)是一个免费工具。它从 Visual Studio 产品线,提供了新的集成开发环境,Visual Studio 2010 一个新的编辑器内建在 Windows Presentation Foundation(WPF)和新的支持像爱好者非专业开发人员,Visual Studio 2010 Express 是轻量级版本

3. 安装软硬件环境要求

安装 Visual Studio 2010 的软硬件需求如表 1-7 所示。

表 1-7　安装 Microsoft Visual Studio 2010 软硬件需求

软硬件	说　　明
处理器	配有 1.6GHz 或更快处理器的计算机,建议使用 2.0GHz 双核处理器
RAM	1GB,建议使用 2GB 内存
硬盘空间	系统驱动器上需要 5.4 GB 的可用空间,安装驱动器上需要 2 GB 的可用空间
显示器	分辨率为 800×600,256 色,建议使用 1024×768,增强色 16 位
操作系统	Windows XP(x86) Service Pack 3 Windows Vista(x86 & x64) Service Pack 1 Windows 7(x86 & x64) Windows Server 2003(x86 & x64) Service Pack 2 Windows Server 2003 R2(x86 & x64) Windows Server 2008(x86 & x64) Service Pack 2 Windows Server 2008 R2(x64) 支持的体系结构:32 位(x86)、64 位(x64)

4．安装 Visual Studio 2010

安装步骤如下：

（1）下面以安装"旗舰版"为讲解对象，双击安装目录下的 文件，将打开 Microsoft Visual Studio 2010 的安装文件，出现安装程序窗口，如图 1-31 所示。

图 1-31　安装程序窗口

（2）单击"安装 Microsoft Visual Studio 2010"项，安装程序自动加载安装组件，如图 1-32 所示。

图 1-32　加载安装组件

（3）安装组件安装完成后，弹出安装程序起始页，选择"我已阅读并接受许可条款"单选按钮，单击"下一步"按钮，如图1-33所示。

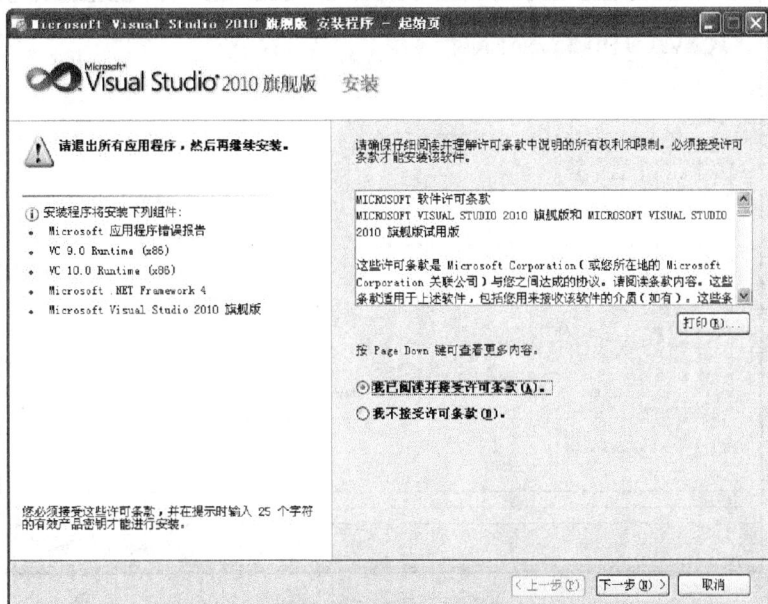

图 1-33　安装程序起始页

（4）在选项页中默认选择"完全"单选按钮，自动计算磁盘剩余空间是否满足安装需求，产品安装路径默认选择 C 盘，也可以更改安装路径，如图1-34所示。

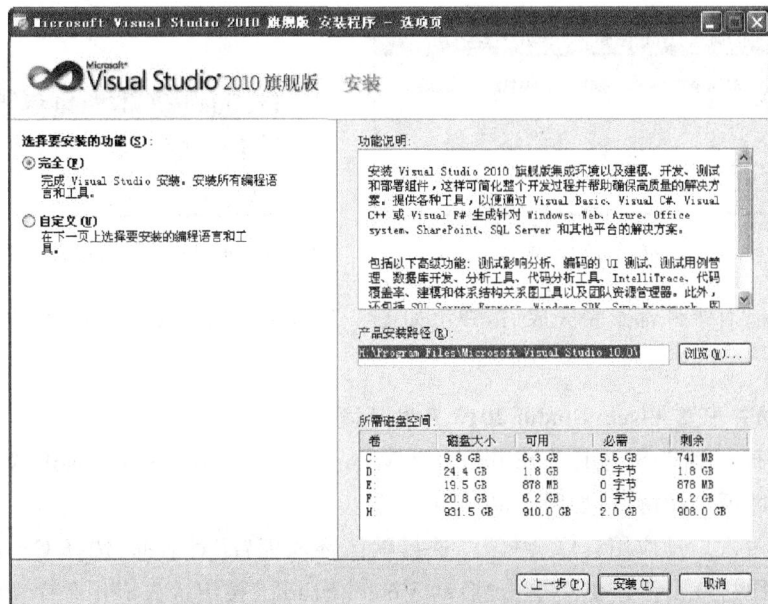

图 1-34　安装程序选项页

（5）单击"安装"按钮，将进入安装页，逐项自动安装所有组件，如图 1-35 所示。

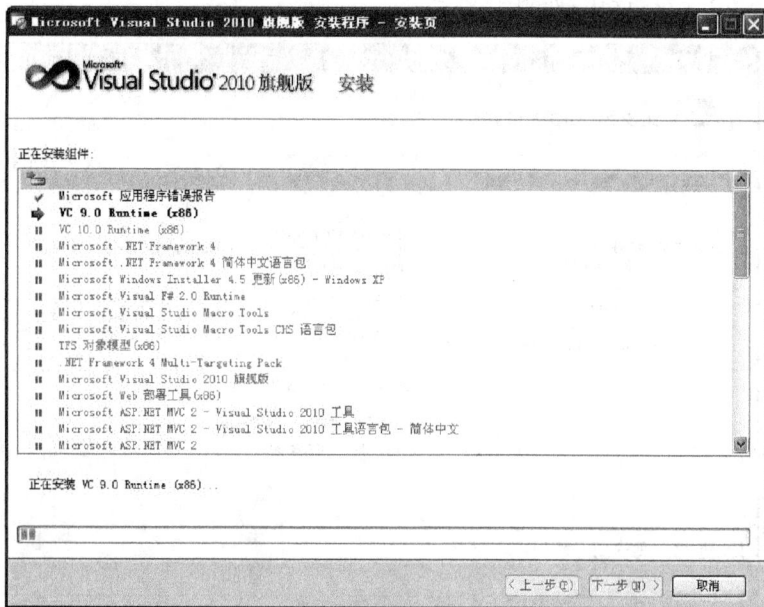

图 1-35　安装程序安装页

（6）安装过程中出现重新启动计算机时，单击"立即重新启动"按钮，如图 1-36 所示，安装程序在计算机重启后将自动进入安装。

（7）计算机重启成功后，弹出图 1-37 所示的对话框后将继续安装。

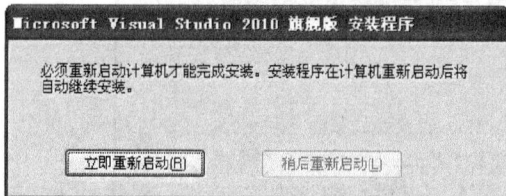

图 1-36　重新启动计算机

图 1-37　重启计算机后加载组件并继续安装

（8）当所有组件都安装完成后，弹出如图 1-38 所示的完成页，单击"完成"按钮，完成软件安装。

5. 启动并配置 Visual Studio 2010 开发环境

（1）执行"开始"→"程序"→Microsoft Visual Studio 2010→Microsoft Visual Studio 2010 命令，即可启动窗口，如图 1-39 所示。

（2）第一次启动应用程序会打开"选择默认环境配置"对话框，选择 C♯ 语言作为脚本语言，如图 1-40 所示。然后单击"启动 Visual Studio"按钮进入应用程序窗口。

（3）第一次打开应用程序时，系统会弹出如图 1-41 所示的对话框，提示用户等待加载用户设置。

　　　　　　　　　　　　　数据库开发案例教材

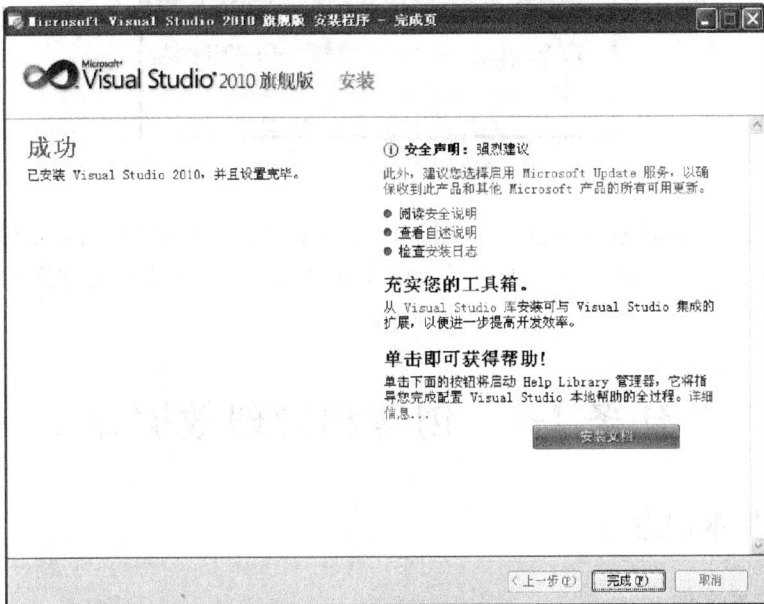

图 1-38　安装完成页

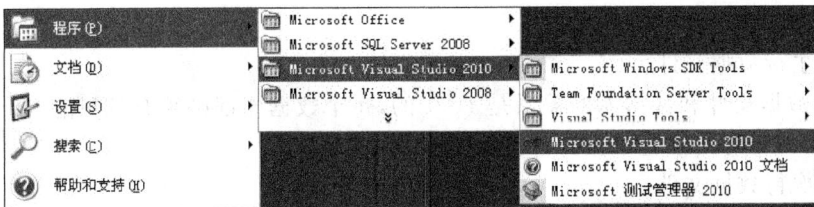

图 1-39　打开 Visual Studio 2010

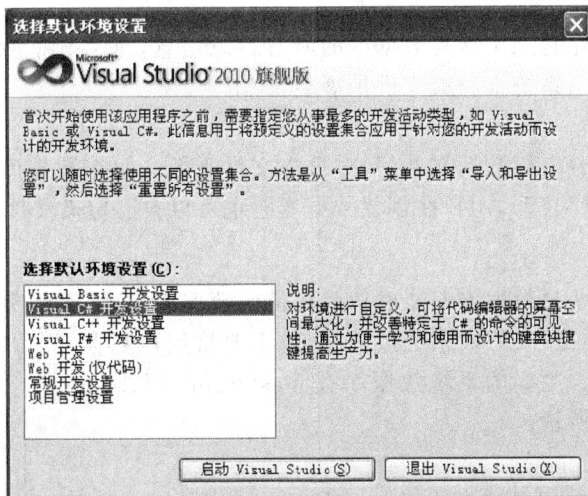

图 1-40　默认开发环境设置

项目 1　创建"学生选课管理系统"数据库 ————————————————

图 1-41　加载用户设置

　　Microsoft Visual Studio 2010 应用程序窗口是一个典型的 Windows 窗口。今后的项目将使用 Visual Studio 2010 开发平台设计页面、编写代码，完成数据库数据操纵和维护任务。

任务 1-3　创建和管理数据库

1.3.1　基本概念

1. 数据库文件

　　数据库在操作系统上以文件方式体现，文件有行数据文件和日志文件两类，数据库还有文件组的概念，可以将行数据文件存放在不同的文件组中进行管理。

　　1) 行数据文件

　　(1) 主行数据文件。

　　主行数据文件和数据库的关系是 1∶1 的，每个数据库都必须有且只能有一个主行数据文件，系统推荐的主行数据文件扩展名是 mdf。

　　(2) 次行数据文件。

　　次行数据文件和数据库的关系是 1∶n 的，每个数据库可以有 0 到多个次行数据文件，系统推荐的次行数据文件扩展名是 ndf。

　　2) 日志文件

　　日志文件中存储有用于恢复数据库的所有日志信息，每个数据库至少要有一个日志文件，也可以有多个，系统推荐的文件扩展名是 ldf。

　　3) 文件组

　　文件组是用来分组行数据文件的，对日志文件无效。每个数据库中都必须有一个主文件组(名为 PRIMARY)，用户在创建数据库时也可以自己定义文件组。

2. 系统数据库

　　系统数据库指的是数据库安装成功后自带的数据库，这些系统数据库中存放有重要数据，用户尽量不要破坏、修改系统数据库，也不要将用户数据存放在系统数据库中。主要的系统数据库有 master、model、msdb、tempdb，如图 1-42 所示。

图 1-42　系统数据库

　　1) master

　　master 数据库中记录着所有系统级信息，如系统存储过程，用户创建的数据库中的详细信息，如果 master 数据库不能使用，会导致 SQL Server 无法启动。

2）model

model 数据库作为创建数据库的模板,用户创建的数据库和 model 数据库一模一样,该数据库属性的改变,将会使得用户建立数据库的初始属性随之改变。

3）msdb

msdb 数据库用于存储代理计划、警报、作业以及与备份和恢复相关的信息,尤其是 SQL Server Agent 需要使用它来执行安排工作和警报,记录操作等。

4）tempdb

tempdb 数据库存储着所有用户都可用的全局资源,可以保存临时存储信息,如临时表、临时存储过程。

1.3.2 创建数据库

SQL Server 创建数据库对象(数据库对象是数据库的逻辑对象,而非物理文件,常见的数据库对象有数据库、键、约束、视图、关系图、默认值、规则、存储过程、触发器等)通常采用图形化方法(SQL Server Management Studio 中使用鼠标键盘配合)和执行命令两种方法实现。

1. 使用 SQL Server Management Studio 创建数据库

1）启动 SQL Server 2008 数据库引擎服务

执行“开始”→“所有程序”→Microsoft SQL Server 2008→SQL Server Management Studio 命令,打开 SQL Server Management Studio 窗口,选择服务器类型为“数据库引擎”,选择服务器名称,选择身份验证方式,SQL Server 身份验证还需要输入用户名和密码,最后单击“连接”按钮,即可启动 SQL Server 2008 数据库引擎服务。

2）新建数据库

在“数据库”节点处右击,在弹出的菜单中选择“新建数据库”命令,打开创建数据库窗口,如图 1-43 所示。

在新建数据库窗口中的“常规”选项卡中输入数据库名 MYDB,输入数据库名时,数据库的主行数据文件和日志文件的逻辑名称能够自动添加,也可修改逻辑名。

行数据文件的初始大小为 3MB,也可以修改为大于 3MB 的值,日志文件的初始大小为 1MB,也可以修改为大于 1MB 的值;单击“自动增长”后的按钮可以设置各文件的增长方式和最大大小。

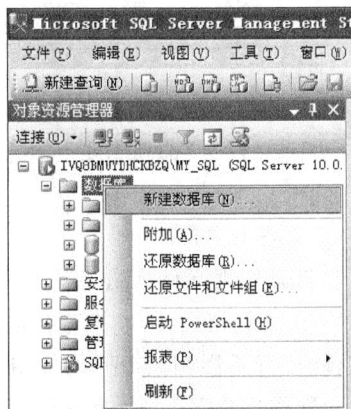

图 1-43 新建数据库

文件默认存储路径为安装目录下的文件夹,可以直接输入路径修改存储路径,也可以单击按钮选择存储路径;文件名处可以不输入,系统会自动用文件的逻辑加上推荐扩展名作为文件名,也可以输入文件名,如图 1-44 所示。

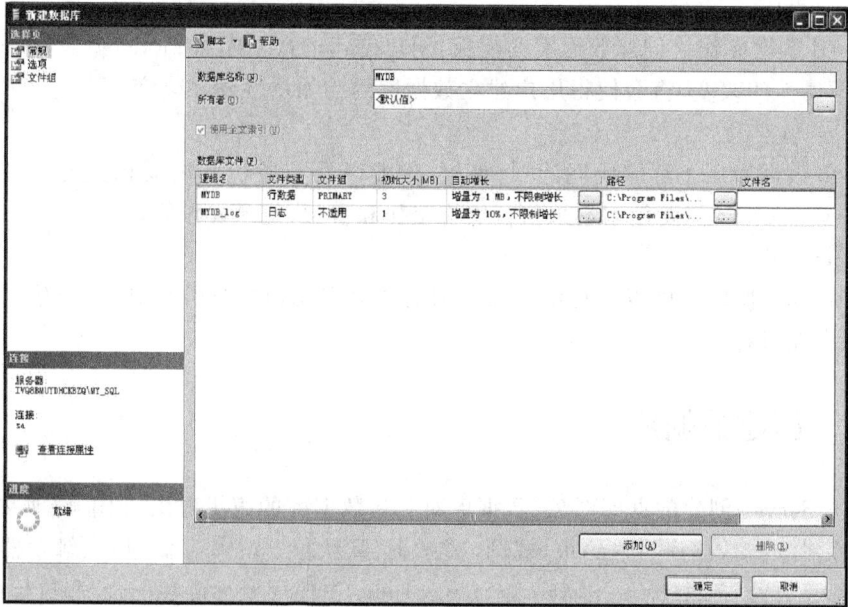

图 1-44　新建数据库 MYDB

单击"添加"按钮可以为当前数据库增加数据库文件,需要输入与现有逻辑名不重名的逻辑名,默认文件类型为"行数据",此时输入第 4 个行数据文件的文件名为 b. abc(未使用推荐扩展名),其他属性如图 1-45 所示。

数据库文件(F):

逻辑名称	文件类型	文件组	初始大小(MB)	自动增长	路径		文件名
MYDB	行数据	PRIMARY	3	增量为 1 MB,不限制增长	C:\Program Files\...		
MYDB_log	日志	不适用	1	增量为 10%,不限制增长	C:\Program Files\...		
MYDB1	行数据	PRIMARY	3	增量为 1 MB,不限制增长	C:\Program Files\...		a.ndf
MYDB2	行数据	PRIMARY	3	增量为 1 MB,不限制增长	C:\Program Files\...		b. abc

图 1-45　为数据库 MYDB 添加数据文件

在"文件组"选项卡下可以添加和设置文件组的相关属性。设置完成后单击"确定"按钮。

3) 查看文件

打开数据文件所在目录,如图 1-46 所示。后面的 4 个文件就是刚建立的数据库MYDB 的数据文件,以推荐扩展名命名的图标相似,以 abc 为扩展名的文件为未识别的文件,但并不影响数据库的使用。

数据库 MYDB 中的所有信息都存放在这 4 个文件中,若文件被破坏,数据库将不可用,获取到这些文件后,若数据库未加密,数据库中的数据将不再是秘密,因此要保护好数据库文件,SQL Server 系统有一套自我保护措施。

试试看:删除数据库 MYDB 的文件 a 能否成功?将 a 复制到其他目录能否成功?双击 a 能否打开文件内容?数据库 MYDB 的其他文件能否被删除、复制、移动、直接打开?

图 1-46 查看数据库文件

2. 使用 T-SQL 命令创建数据库

单击工具栏中的"新建查询"工具按钮,将打开命令编辑器窗口,可以输入命令,窗口如图 1-47 所示。执行命令时要注意设置当前数据库。

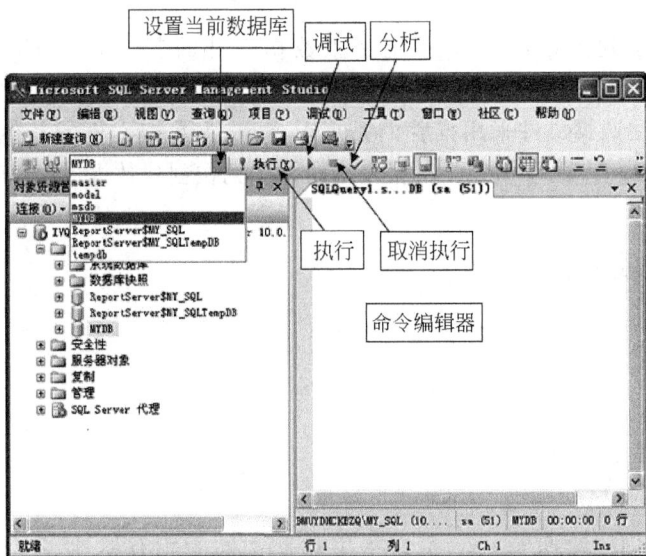

图 1-47 新建查询

1) 语法格式

```
CREATE DATABASE 数据库名
ON [PRIMARY]                    --PRIMARY 表示所属文件组名
(NAME=逻辑文件名,
  FILENAME=实际文件名,
  SIZE=初始大小,
  MAXSIZE=最大文件大小|unlimited ,
```

```
    FILEGROWTH=增量)
LOG ON
(NAME=逻辑文件名,
    FILENAME=实际文件名,
    SIZE=初始大小,
    MAXSIZE=最大文件大小|unlimited ,
    FILEGROWTH=增量)
```

2) 示例

```
CREATE DATABASE db1
```

功能说明：创建数据库 db1,数据文件和日志文件的属性与系统数据库 model 相同,这是创建数据库的最简语句。

```
CREATE DATABASE db2
ON
(NAME=db2,
  FILENAME='D:\SQL\db2.mdf'
  )
```

功能说明：创建数据库 db2,指定了主数据文件的逻辑名 NAME 为 db2,物理名 FILENAME 为 D:\SQL\db2.mdf,表示存放在 D 盘 SQL 文件夹下(先要保证 D 盘存在 SQL 文件夹)。主数据文件采用推荐的扩展名 mdf,主数据文件的其他属性和日志文件的属性采用默认取值,即与 model 数据库相同。可见在创建数据库时,可以省略后三个属性的赋值。

```
CREATE DATABASE db3
ON
(NAME=db3,
  FILENAME='D:\SQL\db3.abc',
  SIZE=4MB,
  MAXSIZE=unlimited ,
  FILEGROWTH=12%)
```

功能说明：创建数据库 db3,指定了主数据文件的所有属性,初始大小为 4MB,不限制增长,空间不足时的增长量为 12%。主数据文件没有采用推荐扩展名,而是用 abc,这并不影响数据库的运行,后三个属性的顺序可以调换,日志文件的属性采用默认取值。

```
CREATE DATABASE db4
ON
(NAME=db4,
 FILENAME='D:\SQL\db4.mdf'
  )
LOG ON
```

```
(NAME=db4_log,
 FILENAME='D:\SQL\db4.ldf'
  )
```

功能说明：创建数据库 db4，指定了主数据文件和日志文件的部分属性，日志文件的后三个属性也可以省略和调换顺序。

```
CREATE DATABASE db5
ON
(NAME=db5,
 FILENAME='D:\SQL\db5.mdf'
  ) ,
(NAME=db51,
  FILENAME='D:\SQL\db51.ndf',
SIZE=2MB,FILEGROWTH=1MB,MAXSIZE=100MB)
LOG ON
(NAME=db5_log,
  FILENAME='D:\SQL\db5.ldf'
  ) ,
(NAME=db51_log,
  FILENAME='D:\SQL\db51.ldf'
  )
```

功能说明：创建数据库 db5，为该数据库指定了两个数据文件和两个日志文件，主数据文件的后三个属性采用默认，次数据文件的所有属性都已指定，两个日志文件仅指定了逻辑名和物理名，文件均存放在 D 盘 SQL 文件夹下。

1.3.3 管理数据库

1. 打开数据库

在管理数据库之前，均要打开数据库，使得要操作的数据库成为当前数据库，当前数据库只有一个。图形化方式下，用鼠标选中数据库名或单击数据库名前的"＋"号，可以展开数据库中的对象，则表示已打开数据库；命令方式设置当前数据库的语句为：

USE 数据库名

例如：

USE db5

功能说明：打开数据库 db5，即将 db5 设置为当前数据库。

2. 管理数据库

1）数据库文件管理

数据库中文件的管理主要有添加数据库文件、修改数据库文件和删除数据库文件三方面。

（1）图形化方式。

选择要管理的数据库，在右键菜单中选择"属性"命令，如图 1-48 所示。

在数据库属性的"常规"选项卡下可以查看当前数据库的创建时间、大小及可用空间等信息，如图 1-49 所示。

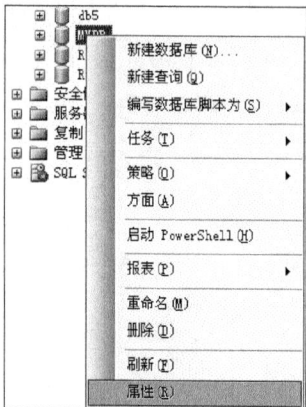

图 1-48 选择数据属性

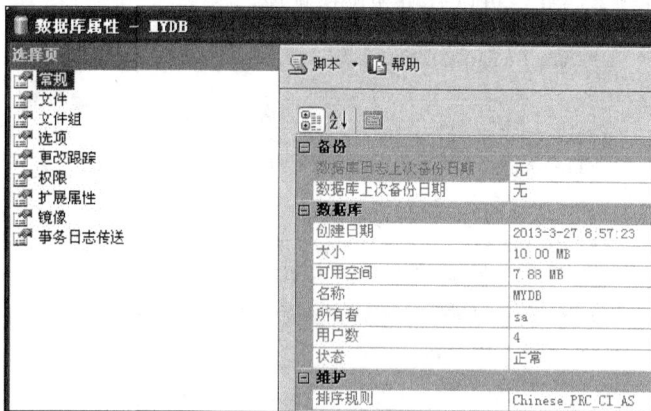

图 1-49 常规属性

在"文件"选项卡下可以查看当前数据库已有文件的属性，如图 1-50 所示。"添加"按钮可以为数据库添加行数据文件或日志文件，也可以选中某个文件，单击"删除"按钮可以将文件删除（主行数据文件和第一个日志文件无法删除）。

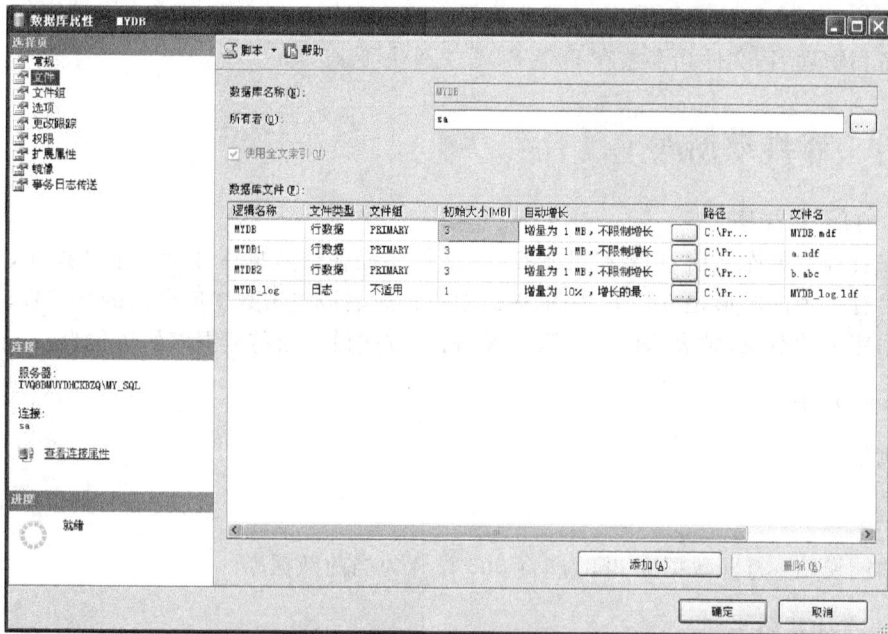

图 1-50 文件属性

"文件组"选项卡可以添加、删除文件组。

（2）命令方式。

使用命令方式管理数据库文件的命令格式如下。

```
ALTER DATABASE 数据库名
ADD FILE 参数
    [TO FILEGROUP filegroup_name ]
|ADD LOG FILE 参数
|MODIFY FILE 参数
|REMOVE FILE 参数
|ADD FILEGROUP filegroup_name
```

例如：

```
ALTER DATABASE db1
ADD FILE
(NAME=db2,FILENAME='D:\SQL\db2.ndf',
SIZE=2MB,MAXSIZE=50MB,FILEGROWTH=1MB)
```

功能说明：为数据库 db1 添加次数据文件，指定了该数据文件的所有属性，在 SQL Server 中关键字不区分大小写。

```
ALTER DATABASE db1
ADD FILE
(NAME=db3,FILENAME='D:\SQL\db3.ndf'),
(NAME=db4,FILENAME='D:\SQL\db4.ndf')
```

功能说明：为数据库 db1 再添加两个次数据文件，只指定了部分属性。

```
ALTER DATABASE db1
ADD LOG FILE
(NAME=db2_log,FILENAME='D:\SQL\db2.ldf'),
(NAME=db3_log,FILENAME='D:\SQL\db3.ldf')
```

功能说明：为数据库 db1 添加两个日志文件，只指定了部分属性。

```
ALTER DATABASE db1
MODIFY FILE (NAME=db2,FILENAME='d:\db.ndf',SIZE=4mb)
```

功能说明：语句执行后会在消息框中输出"文件 'db2' 在系统目录中已修改，新路径将在数据库下次启动时使用"，本条语句将数据库 db1 中逻辑名为 db2 的数据文件的物理位置由 D:\SQL 修改为 D:\，初始大小修改为 4MB（要求比现有大小大），其他属性也可以修改。可以通过逻辑名的不同，修改日志文件，但文件的逻辑名无法用该语句修改；一条语句仅可修改一个文件的属性。

```
ALTER DATABASE db1
REMOVE FILE db2
```

功能说明：删除数据库 db2 中逻辑名为 db2 的文件。

2）文件组管理

文件组的管理主要有添加文件组、修改文件组和删除文件组。

（1）图形化方式。

打开数据库属性，选择"文件组"选项卡，如图1-51所示。

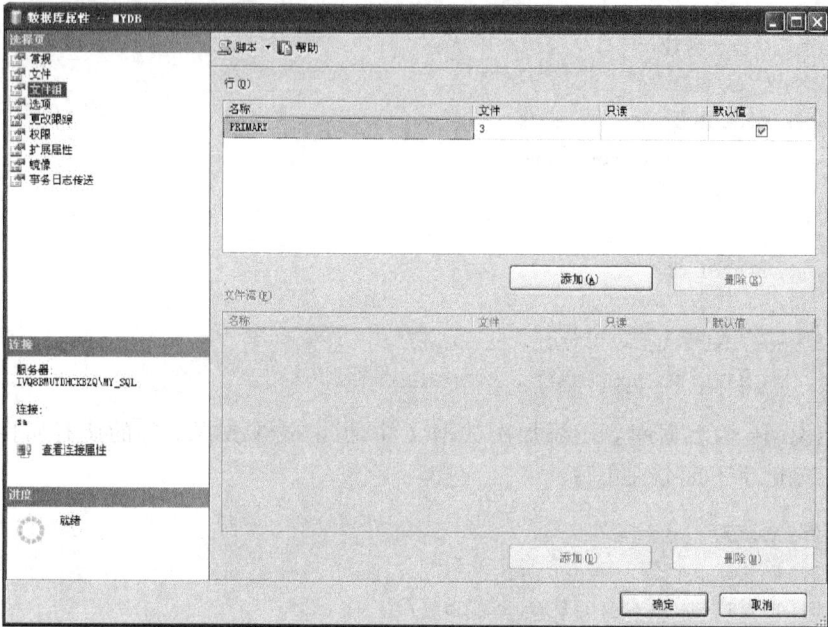

图 1-51　文件组管理

不能修改和删除名为 PRIMARY 的主文件组，通过"添加"按钮添加文件组，选中用户建立的文件组通过"删除"按钮删除文件组，也可以修改文件组的属性。

（2）命令方式。

ALTER DATABASE db1 ADD FILEGROUP fp1

功能说明：为数据库 db1 添加文件组 fp1。

ALTER DATABASE db1 REMOVE FILEGROUP fp1

功能说明：删除数据库 db1 中的文件组 fp1。

1.3.4　删除数据库

不需要数据库时应删除以释放资源，数据库删除后，与数据库相关的所有文件和数据库对象都将被删除，因此要慎用删除操作。

1. 图形化方式

选中数据库，右击，在弹出的菜单中选择"删除"命令，有时数据库中的对象可能正在使用，选中"关闭现有连接"复选框后单击"确定"按钮，即可将所有连接关闭并删除数据库。

2. 命令方式

1）命令格式

DROP DATABASE 数据库名

2）示例

DROP DATABASE db1

功能说明：删除数据库 db1。

DROP DATABASE db2,db3

功能说明：同时删除数据库 db1 和 db2。

1.3.5　创建项目数据库

本书以"学生选课管理系统"为开发背景,创建数据库时要为数据库取个见名知意且最好只包含英文字符(这样在写命令时可减少切换输入法)的数据库名,项目数据库名为StuCourseManage,数据库文件的存放目录以及初始大小、最大值以及增长方式等可采用默认值,实际使用时可将文件存放在不同盘符下,有利于保护文件及合理使用硬盘空间。

命令创建语句：

```
CREATE DATABASE StuCourseManage
ON
(NAME=STU,FILENAME='D:\STU.mdf')
LOG ON
(NAME=STU_LOG,FILENAME='D:\STU_LOG.ldf')
```

任务 1-4　备份和还原数据库

1.4.1　备份的必要性

数据库中存储的数据对用户和管理者都非常重要,而数据库会遭受到来自各方面的威胁,大到自然灾害,小到病毒感染、电源故障乃至操作员操作失误等,都会影响数据库系统的正常运行和数据的一致性,甚至造成系统完全瘫痪。

数据库备份和恢复对于保证系统的可靠性具有重要的作用。经常性的备份可以有效地防止数据丢失,能够把数据库从错误状态恢复到正确状态。如果用户采取适当的备份策略,就能够以最短的时间使数据库恢复到数据损失量最少的状态。

SQL Server 支持在线备份,即备份期间无须停止 SQL Server 服务。

1.4.2 备份与恢复的基本概念

1. 数据库备份方式

1）完整备份

完整备份将数据库中的所有文件一起写入备份文件中,完整备份是数据库恢复的起点,是差异备份、事务日志备份、文件和文件组备份的基础,如果没有数据库完整备份,或数据库完整备份丢失、不可用,则无法恢复数据库,也无法进行其他类型的备份。

2）差异备份

差异备份只记录最近一次完整备份后被修改的数据,差异备份产生的文件较小,备份时间短,适用于数据改动频繁的数据库。

3）事务日志备份

事务日志备份只记录最近一次事务日志备份后的所有事务日志记录,该备份方式对时间空间的要求更小。

4）文件或文件组备份

这种方式只备份文件或文件组,与事务日志备份配合执行才有意义。

2. 数据库恢复模式

1）完整恢复模式

这种模式用于恢复到失败点或指定时间的数据库。

2）简单恢复模式

这种模式可以恢复到上一次备份点。

3）大容量日志恢复模式

这种模式与完整恢复模式相似,但不能恢复到指定的时间点。

3. 设置数据库恢复模式

展开数据库属性,选择"选项"选项卡,在恢复模式下拉列表中选择即可,默认采用完整恢复模式,如图 1-52 所示。

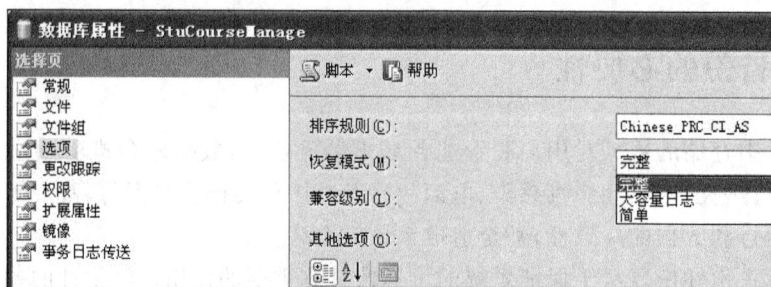

图 1-52 设置数据库恢复模式

1.4.3 数据库备份为文件

1. 将课程数据库 StuCourseManage 完整备份到文件

1）执行备份命令

选中数据库 StuCourseManage，在右键快捷菜单"任务"中选择"备份"命令，如图 1-53 所示。

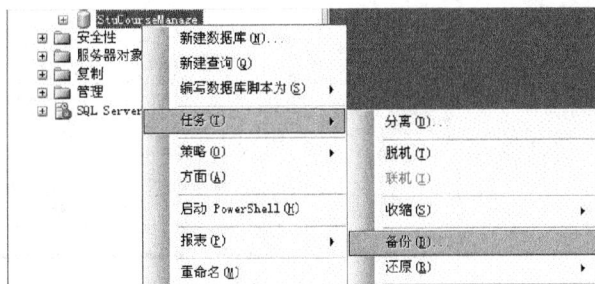

图 1-53　选择数据库备份菜单

2）选项设置

备份时会自动为备份目标设置一个在安装路径下的文件目录，为了便于查找，选中默认路径，单击图 1-54 中的"删除"按钮，将默认路径删除。注意，备份时尽量保证目标的唯一性。

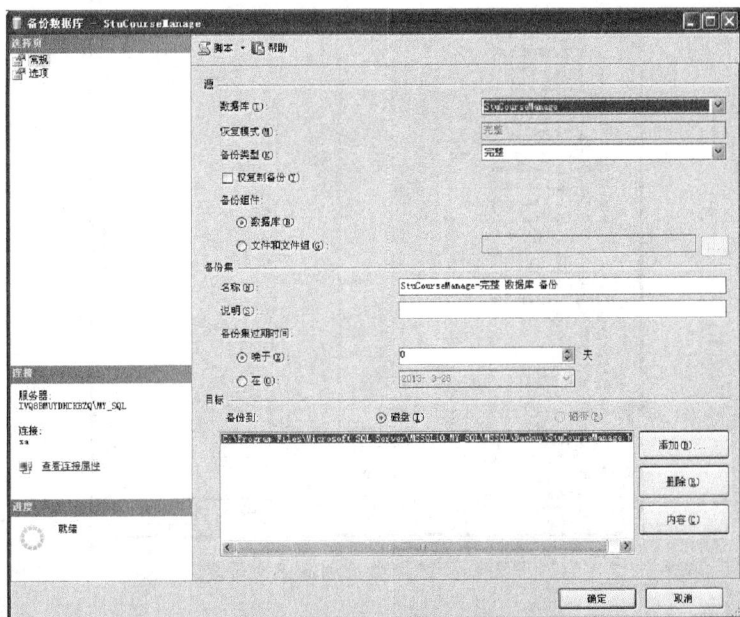

图 1-54　默认备份目标

选择备份类型为"完整"，备份集的过期时间设置为"晚于 0 天"或"在****-**-**"，

0天或日期为备份当天日期,表示永不过期,否则备份集将会在指定天数后或指定日期后过期;备份目标处单击"添加"按钮,"在选择备份目标"对话框中选中"文件名"单选按钮(数据库中若没有创建备份设备,则"备份设备"单选按钮不可选),在文本框中直接输入E:\xkgl.bak,或通过文本框后的按钮选择 E 盘再输入 xkgl.bak,如图 1-55 和图 1-56 所示。

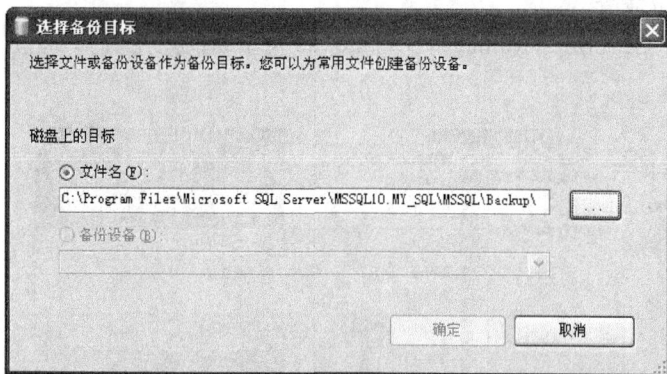

图 1-55　选择备份目标

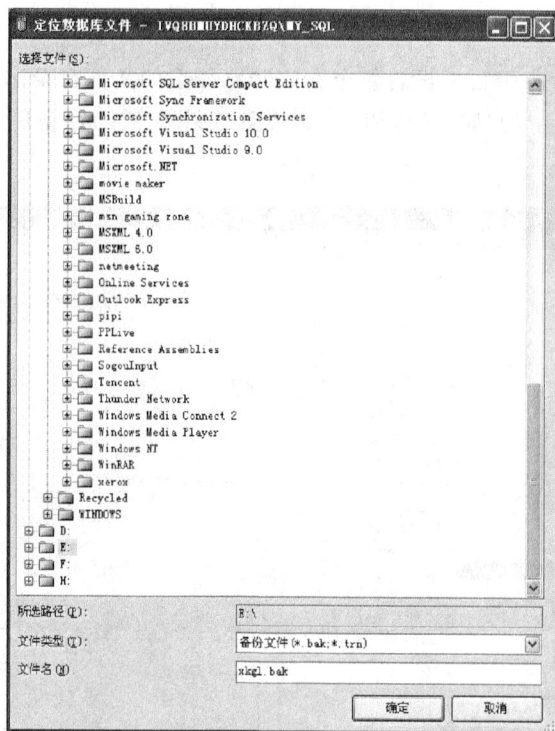

图 1-56　选择盘符和输入文件名

　　备份文件的推荐扩展名为 bak,此时可以不使用扩展名或采用其他扩展名,都不影响备份结果,单击"确定"按钮后如图 1-57 所示。

　　单击"确定"按钮后,执行备份操作,出现如图 1-58 所示的对话框后表明备份成功。

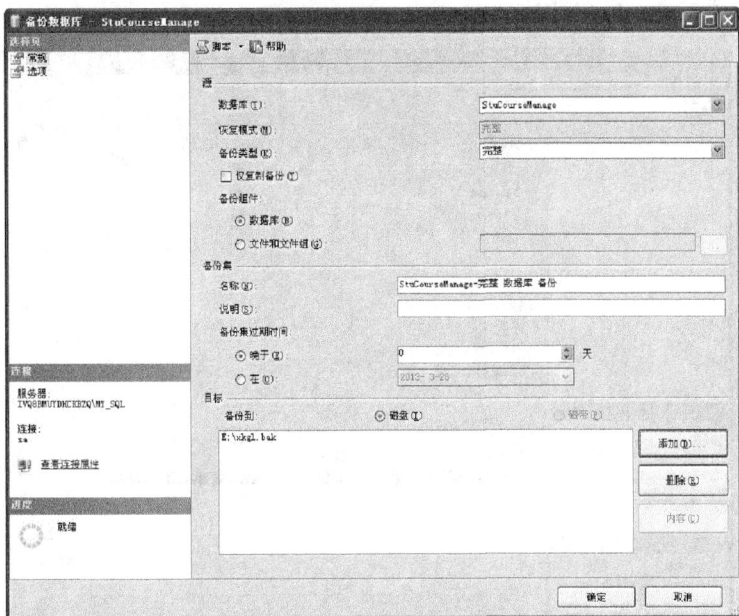

图 1-57 完整备份数据库

图 1-58 备份数据库成功

3）在 StuCourseManage 数据库中创建表

展开 StuCourseManage 数据库下的"表"节点，在右键菜单中选择"新建表"命令，输入列名学号、姓名，并保存表名为 a，如图 1-59 所示。

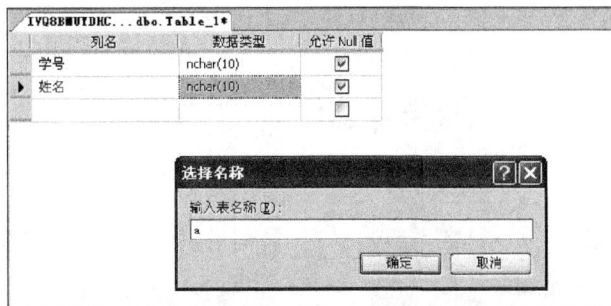

图 1-59 创建表 a

2. 将课程数据库 StuCourseManage 差异备份到文件

选择数据库，在右键菜单"任务"中选择"备份"命令，备份类型选择"差异"，如图 1-60

所示,目标仍选择 E:\xkgl.bak 文件。

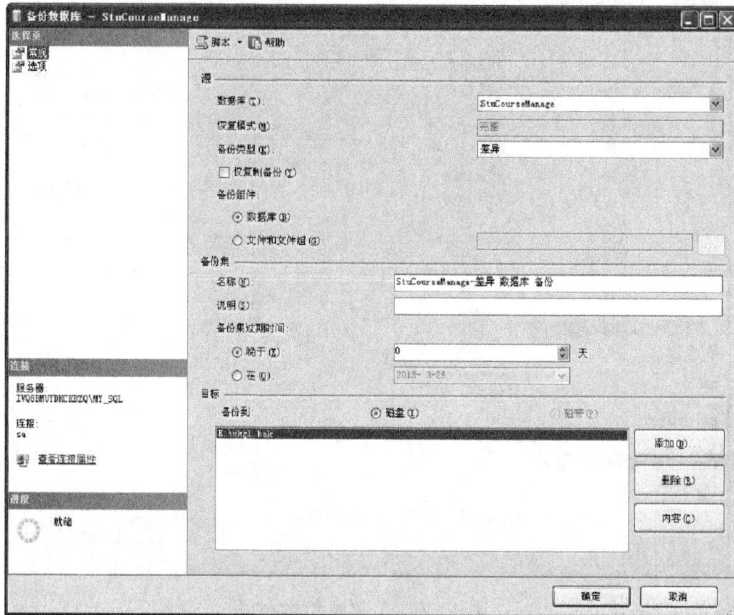

图 1-60　差异备份

在备份数据库"选项"选项卡下,可设置"覆盖媒体"项,默认选择为"追加到现有备份集"单选按钮,注意不要选"覆盖所有现有备份集"单选按钮,否则备份文件中前面完整备份的结果就会被替换掉,如图 1-61 所示。

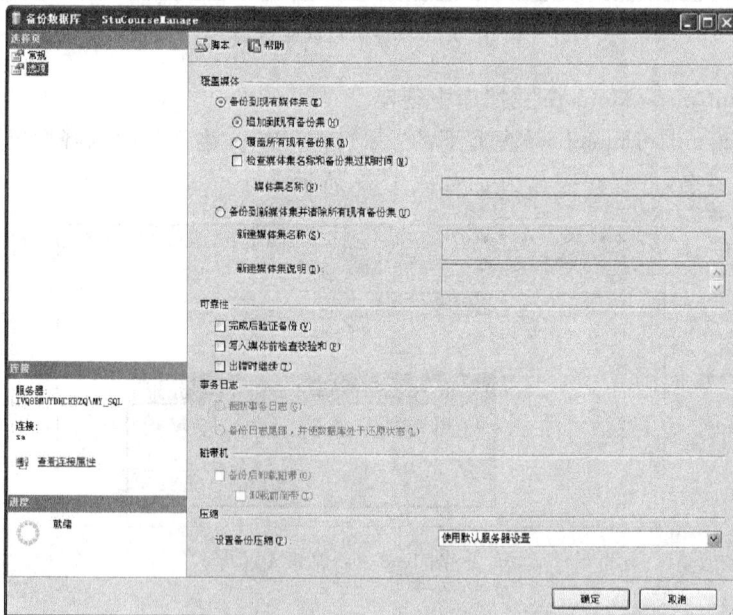

图 1-61　选项设置

数据库开发案例教材

事务日志备份以及文件和文件组备份与完整备份和差异备份相似。

1.4.4 数据库备份到备份设备中

1. 创建备份设备

展开对象资源管理器中当前服务器节点下的"服务器对象"项,在"备份设备"处右键菜单中选择"新建备份设备"命令,如图1-62所示。

输入设备名称bk,目标处选择"文件"单选按钮,路径输入E:\bk,如图1-63所示。备份设备在操作系统中仍体现为文件。

图1-62 新建备份设备

图1-63 输入备份设备名及存储目标

提示:创建备份设备时不检查路径正确性,如果设备中没有存储数据库备份,则该备份设备在操作系统中不产生文件。

2. 将数据库备份到备份设备中

选中数据库,在右击快捷菜单中执行"任务"中的"备份"命令,将原有的目标删除,单击"添加"按钮,选中"备份设备"单选按钮,选择备份设备名,如图1-64所示。

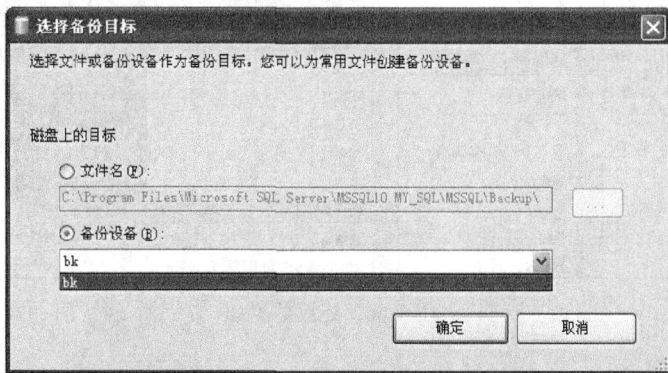

图1-64 选择备份设备

项目1 创建"学生选课管理系统"数据库 ——————

单击"确定"按钮后,如图 1-65 所示,再次单击"确定"按钮可将数据库备份到备份设备 bk 中。

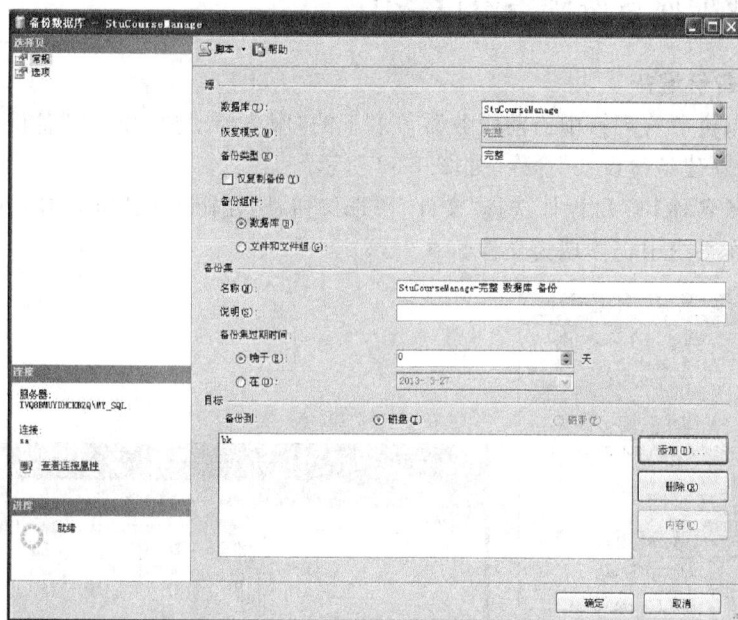

图 1-65   备份数据库到备份设备

1.4.5   还原数据库

1. 还原数据库 StuCourseManage 到第一次完整备份

选中数据库 StuCourseManage,在右键菜单中选择"任务"→"还原"→"数据库"命令,如图 1-66 所示。

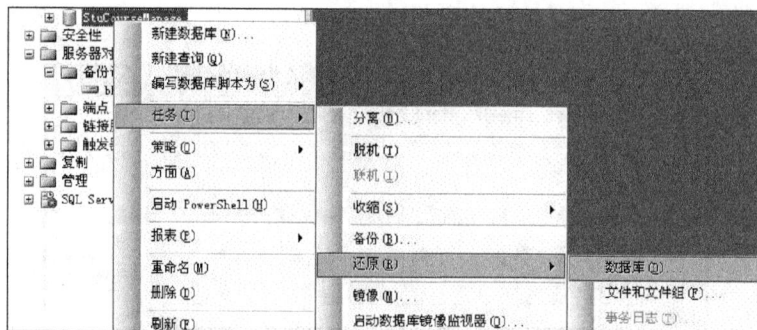

图 1-66   还原数据库

还原时会自动选择数据库最近一次的备份,如图 1-67 所示。这里不使用最近的备份。

选中"源设备"单选按钮,单击"…"按钮,在"指定备份"对话框中选择"备份媒体"为

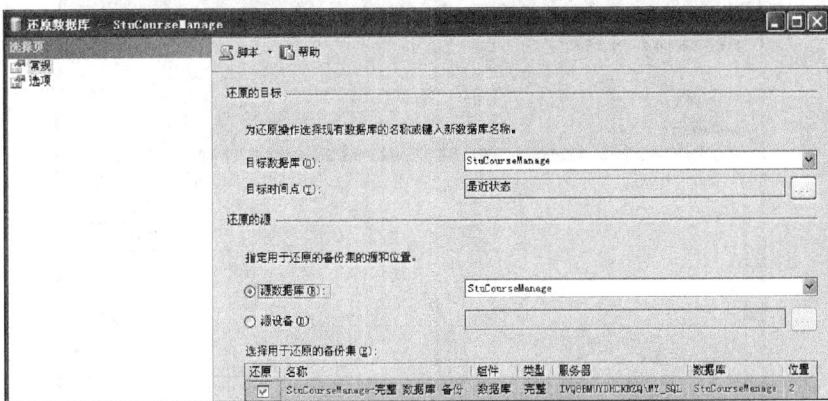

图 1-67　默认还原备份集

"文件"。单击"添加"按钮,在"定位备份文件"对话框中选择 E 盘,并选中前面备份时的
xkgl. bak 文件,如果备份文件未采用扩展名 bak,文件类型中要选"所有文件",如图 1-68
所示。

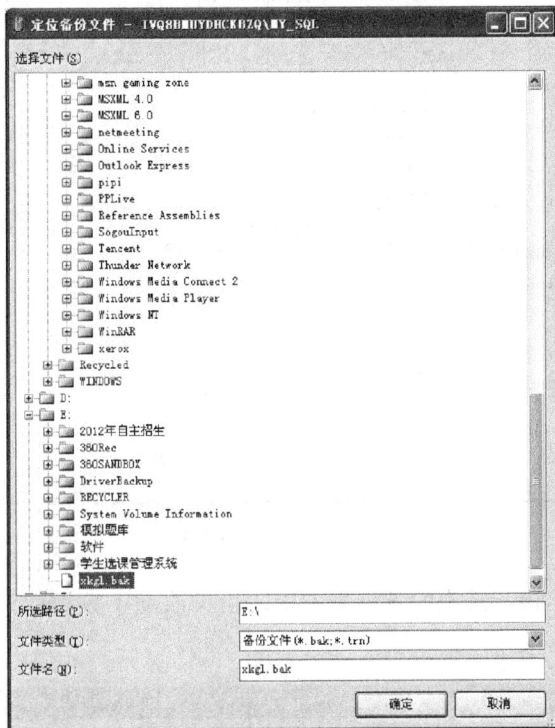

图 1-68　选择备份文件

单击"确定"按钮后,打开"指定备份"对话框,如图 1-69 所示。

单击"确定"按钮后,可以看到"备份集"中有两个选项,选中第一个完整备份,如图 1-70
所示。

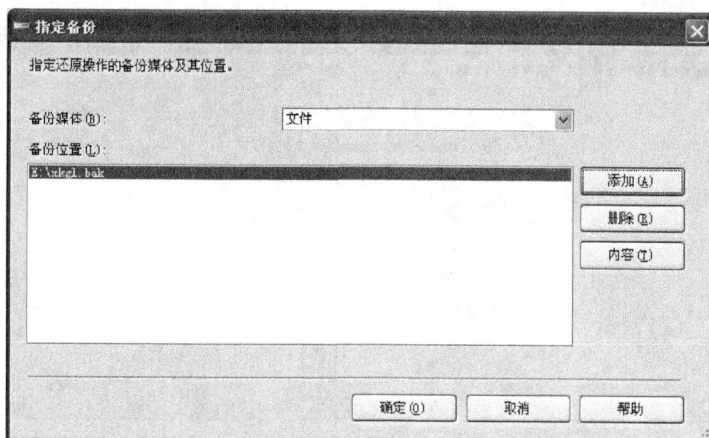

图 1-69　指定备份

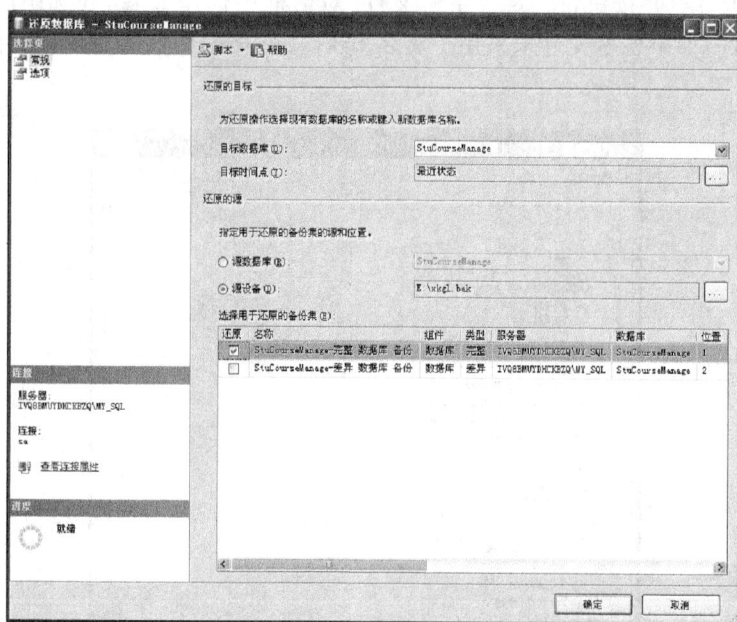

图 1-70　选中备份集

单击"确定"按钮,由于选中的备份集备份之后又改动了数据库,因此会出现如图 1-71 所示的错误提示。

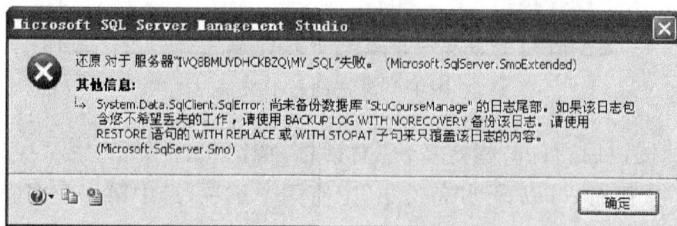

图 1-71　还原失败错误提示

　　数据库开发案例教材

单击"确定"按钮,选中"选项"选项卡中的"覆盖现有数据库"复选框,如图1-72所示。
再次单击"确定"按钮,可将数据库还原到第一次完整备份时的状态。

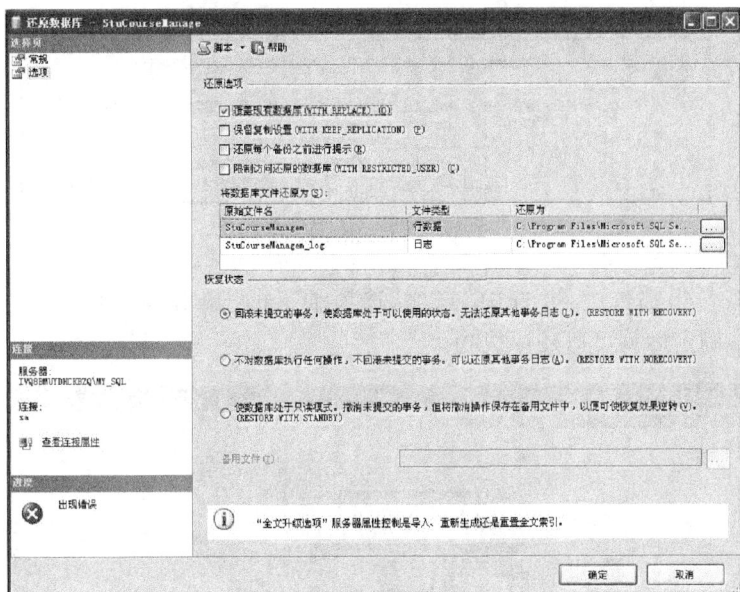

图1-72　还原选项设置

找找看：查看还原后的数据库,数据表a还在不在?

2. 使用差异备份集还原数据库

选择还原数据库,使用E:\xkgl.bak文件,选中备份集中的差异备份,如图1-73所示。

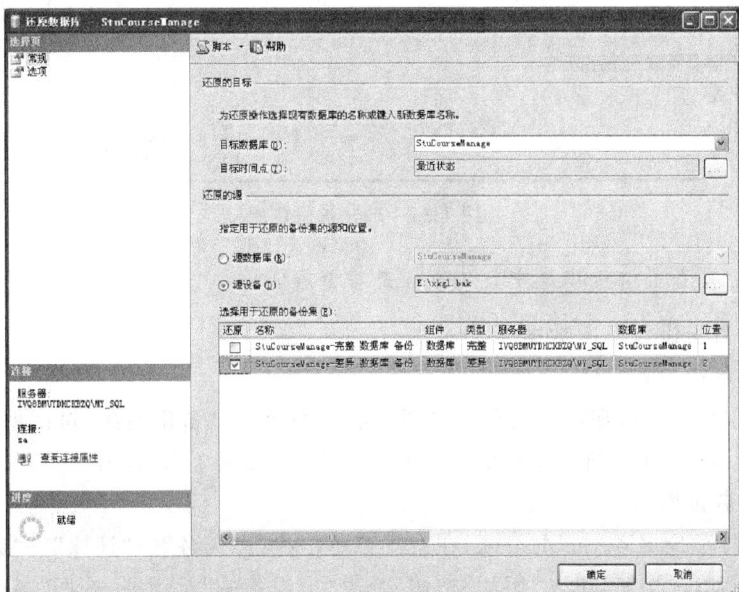

图1-73　只选差异备份集

单击"确定"按钮会出现如图 1-74 所示的错误提示,将选项中的"覆盖现有数据库"选中,仍会出现错误提示,因为差异备份还原要基于完整备份。

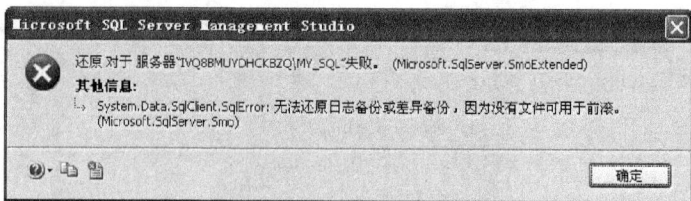

图 1-74　错误提示

将两个备份集都选中,并选中"选项"选项卡下的"覆盖现有数据库"单选按钮,如图 1-75 所示,确定后就可以还原成功。

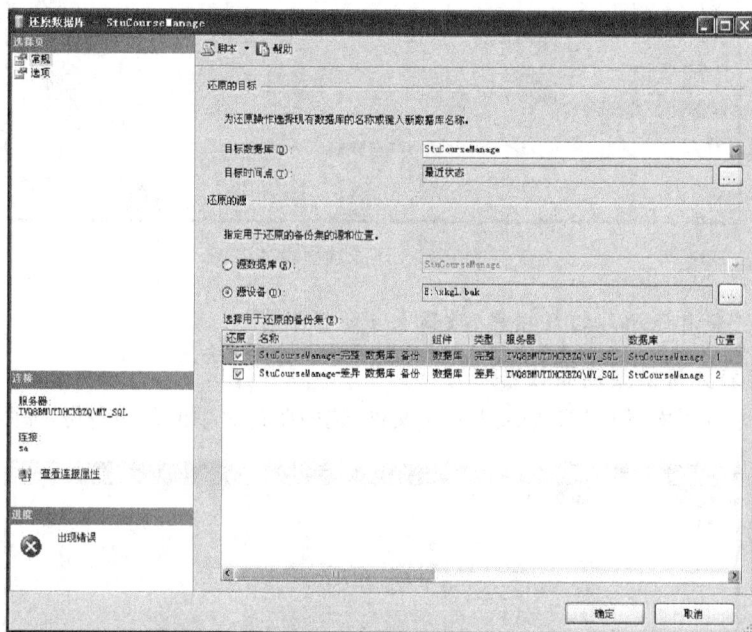

图 1-75　差异备份还原

找找看:查看当前数据库中数据表 a 是否存在?

3. 使用备份设备还原数据库

1)查看备份设备媒体

选中备份设备 bk,在右键菜单中选择"属性"命令,在"备份设备"对话框中选择"媒体内容"选项卡,即可查看到当前备份设备的媒体内容,如图 1-76 所示。

2)还原数据库

选中数据库 StuCourseManage,在右键菜单中执行"任务"→"还原"→"数据库"命令,选择"源设备"单选按钮,单击"添加"按钮,弹出"指定备份"对话框,选择"备份媒体"为"备份设备",如图 1-77 所示。

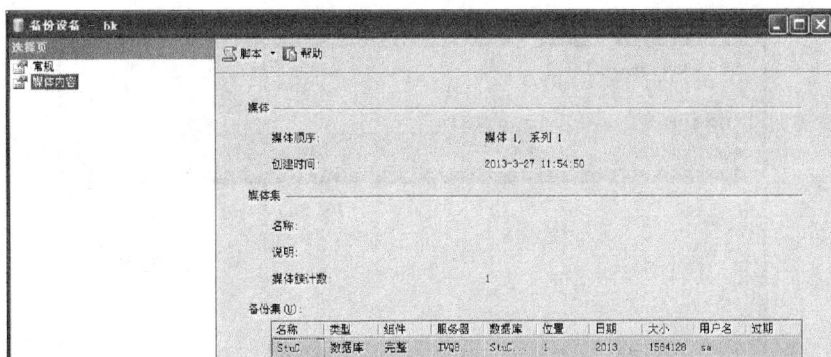

图 1-76　备份设备中的媒体内容

图 1-77　媒体内容选择备份设备

单击"添加"按钮,选择备份设备 bk,如图 1-78 所示。

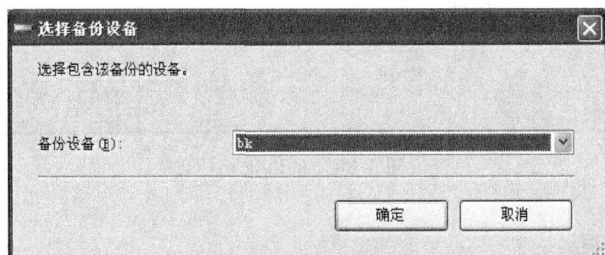

图 1-78　选择备份设备

单击"确定"按钮后,指定备份对话框如图 1-79 所示。

单击"确定"按钮后,选中备份集前的复选框,再选中"选项"选项卡中的"覆盖现有数据库"单选按钮,如图 1-80 所示,单击"确定"按钮,还原数据库成功。

找找看:查看表 a 是否存在?

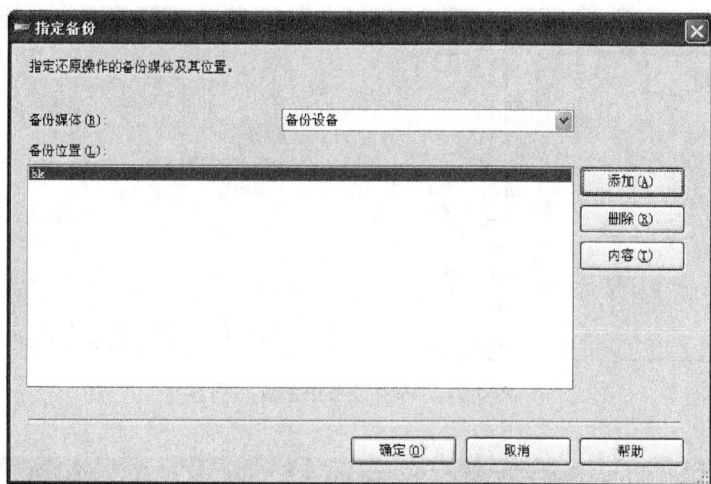

图 1-79　指定备份

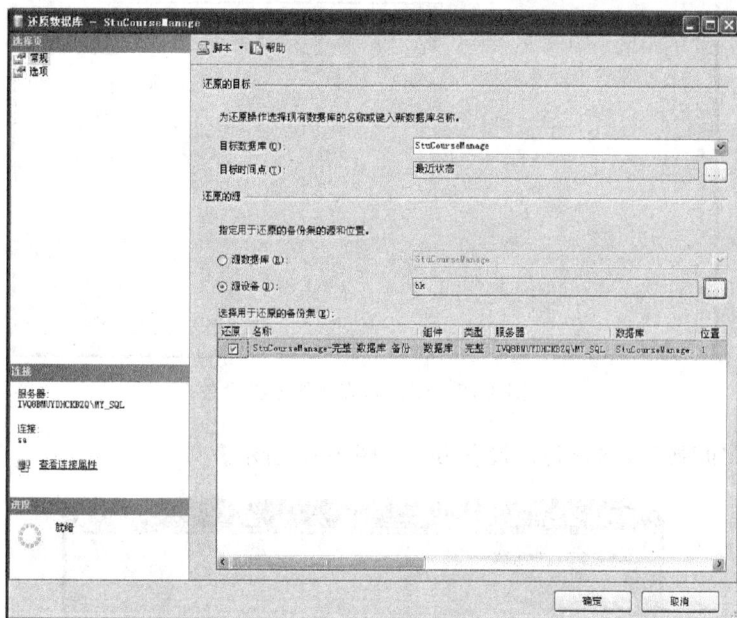

图 1-80　备份集还原

4.删除备份设备

选中备份设备后在右键菜单中选择"删除"命令,即可将备份设备删除。

提示:备份设备删除后,备份设备对应的文件并没有删除。

5.转移数据库

前面的数据库还原都基于数据库存在的状态,若数据库不存在,备份文件在,也可以还原数据库,执行下列操作,模拟转移数据库操作。

(1)删除数据库 StuCourseManage。

（2）还原数据库。

在数据库节点处右键菜单中选择"还原数据库"命令，如图 1-81 所示。

在还原数据库中选择备份文件 E:\xkgl.bak，选中两个备份集，输入目标数据库名 stu（也可以和原有数据库名相同），如图 1-82 所示。

选择"选项"选项卡，可以看到还原数据库文件的数量及其存储位置，可以更改文件的存储位置及文件名，如图 1-83 所示。单击"确定"按钮，还原成功。

图 1-81　转移性还原

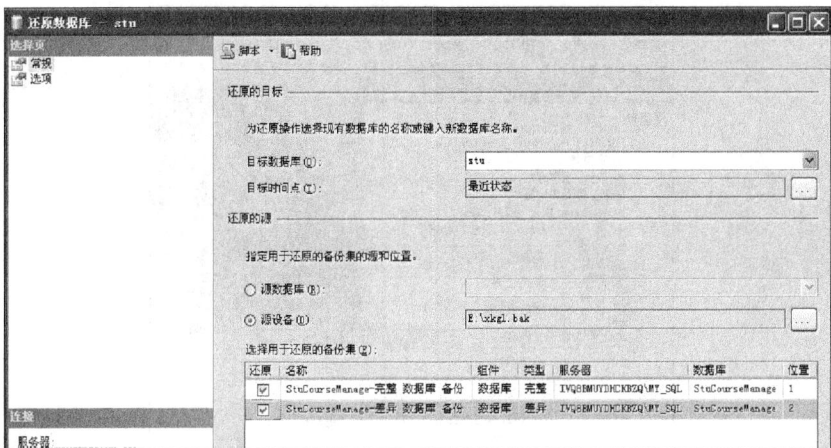

图 1-82　选择备份集、输入目标数据库名

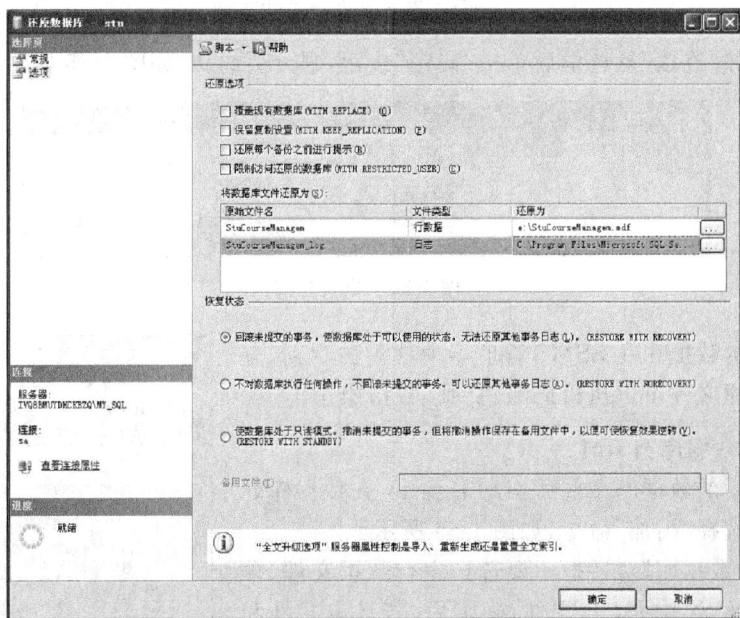

图 1-83　选项设置

还原后，stu 数据库内容与原来的 StuCourseManage 数据库相同。

1.4.6 分离和附加数据库

在创建数据库后，会发现数据库文件是没有办法被删除、复制、剪切的，这是数据库自身的保护措施，如果确实要获取数据库文件，可以选择分离和附加操作。

1. 分离数据库 stu

分离前一定要从数据库属性中查看数据库文件的存储位置，方便查找、复制。

在 stu 数据库右键菜单中选择"任务"→"分离"命令，如图 1-84 所示。

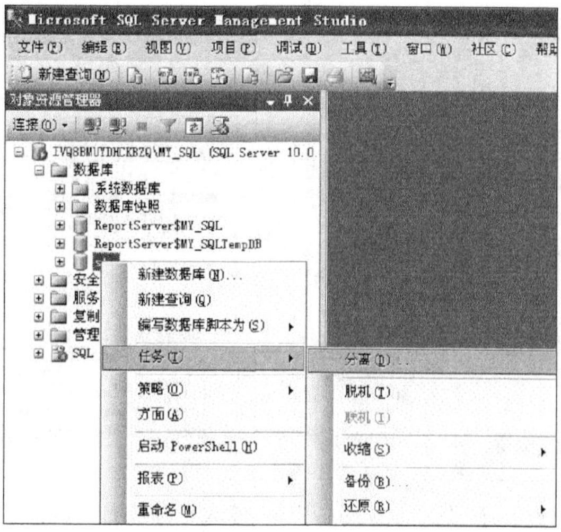

图 1-84 分离数据库

选中"删除连接"复选框后单击"确定"按钮，则分离成功，如图 1-85 所示。

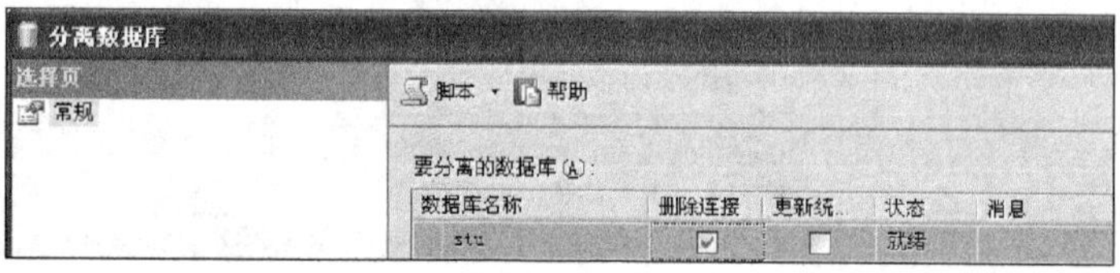

图 1-85 执行分离

分离后的数据库在 SSMS 管理器中就无法看到，分离后的数据库文件可以执行删除、复制、剪切操作。

2. 附加数据库为 stu1

将分离后的数据库文件剪切到 E 盘下，在数据库处右键菜单中选择"附加"命令，如图 1-86 所示。

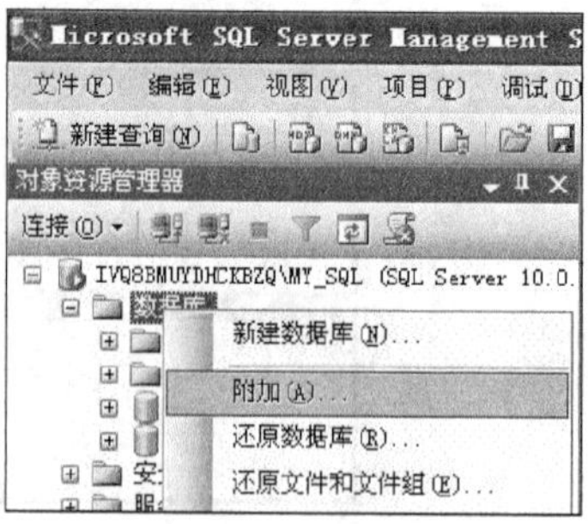

在"附加数据库"对话框中要选择主行数据文件，单击"添加"按钮，选中 MDF 文件，确定后，若日志文件和 MDF 文件在同目录下，可以自动添加 LDF 文件，若不

图 1-86 执行分离

在同一目录需要手动添加，修改附加为数据库名为 stu1，如图 1-87 所示。

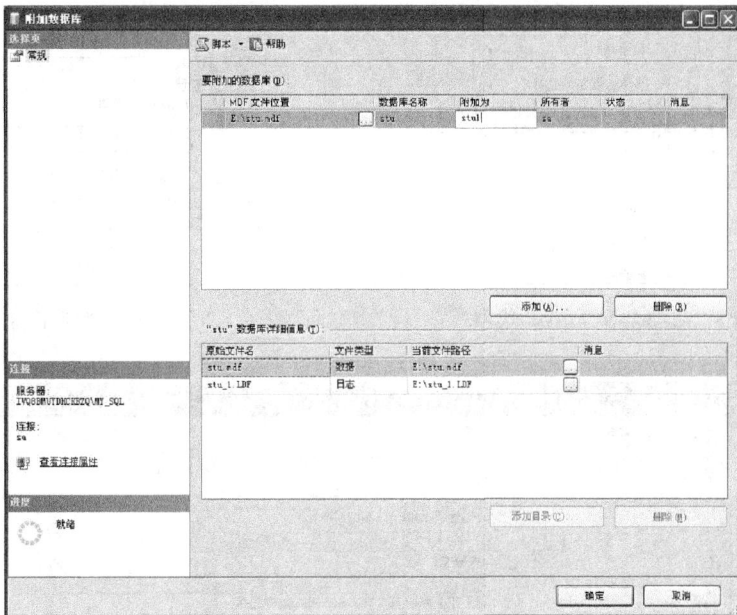

图 1-87　附加数据库

单击"确定"按钮，则附加成功，附加成功后，数据库可正常使用。

1.4.7　数据库自动备份

SQL Server 2008 虽然支持在线备份，但备份时会增加数据库的负担，通常在早上 3～4 点之间，数据库访问量会小于其他时间段，可以选择这个时间段备份数据库，以减小数据库的负担，而早上 3～4 点工作人员大多在休息，如果能让数据库在这一时间内自动备份，无须工作人员操作是最可行的。SQL Server 中的数据库代理服务可以实现数据库的自动备份，步骤如下。

1. 启动 SQL Server 代理

启动 SSMS 管理器，在对象资源管理器中可以看到 SQL Server 代理服务，若服务未启动，选中后在右键菜单中选择"启动"命令，如图 1-88 所示。

2. 新建作业

展开 SQL Server 代理，在"作业"文件夹处右键菜单选择"新建作业"命令，如图 1-89 所示。

3. 输入作业名称

在弹出的"新建作业"对话框的"常规"标签下输入作业名称 BackStu，说明部分可输入也可省略，便于自己和其他人员熟悉作业，如图 1-90 所示。

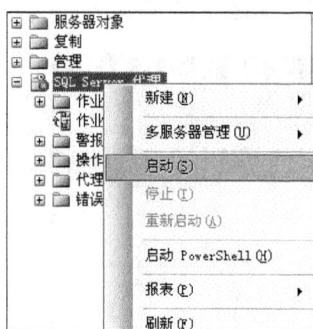

图 1-88　启动 SQL Server 代理

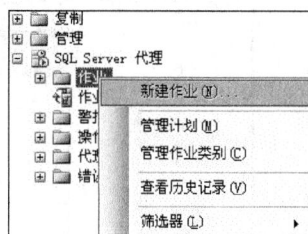

图 1-89　新建作业

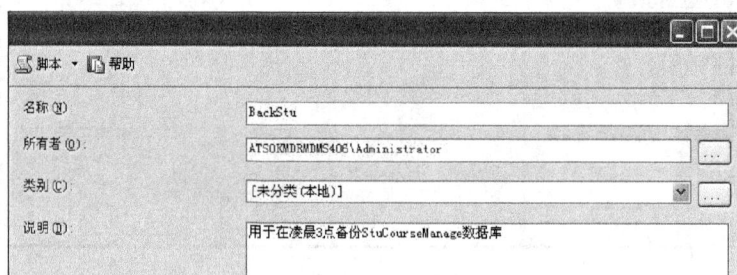

图 1-90　新建作业之常规

4. 新建步骤

选择"新建作业"界面中的"步骤"选项卡,可以看到当前步骤为空。单击"新建"按钮,弹出"新建作业步骤"对话框,在"常规"选项卡下输入步骤名称 step1,类型选择 T-SQL,数据库选择 StuCourseManage,在空白处输入如下命令。

```
--定义局部变量@strPath,数据类型为 NVARCHAR,宽度为 200
DECLARE @strPath NVARCHAR(200)
--将当前日期时间赋给局部变量@strPath
set @strPath=convert(NVARCHAR(19),getdate(),120)
--将局部变量@strPath 中的":"替换为"."
set @strPath=REPLACE(@strPath, ':' , '.')
--更改局部变量@strPath 赋值,加上盘符 D、文件夹 bak 和扩展名 bak
set @strPath='D:\bak\'  +@strPath+ '.bak'
--完整备份数据库 StuCourseManage 到指定磁盘路径@strPath
BACKUP DATABASE StuCourseManage TO DISK=@strPath WITH NOINIT, NOUNLOAD, NOSKIP,
STATS=10, NOFORMAT
```

新建作业的步骤如图 1-91 所示。

输入后单击"确定"按钮完成作业步骤的创建,返回到"新建作业"对话框,步骤创建后可以通过"编辑"按钮修改步骤。

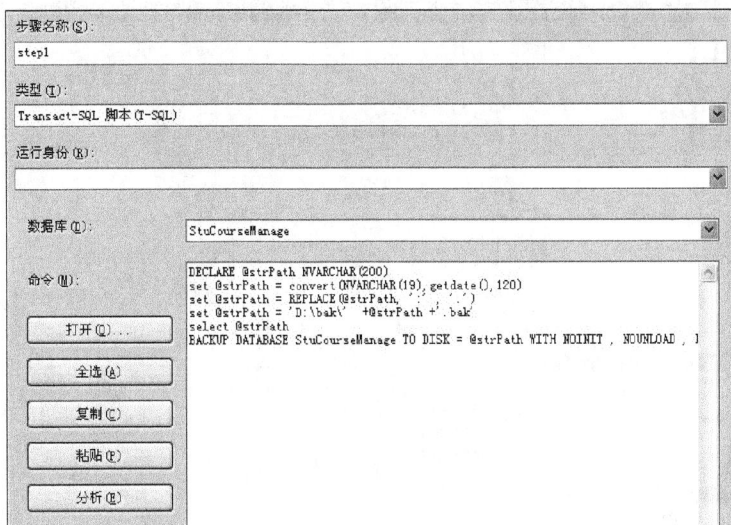

图 1-91　新建作业的步骤

5. 添加计划

选择"新建作业"界面中的"计划"标签,单击"新建"按钮,弹出"新建作业计划"对话框,输入计划名称 jh1,计划类型设置为"重复执行",频率设置为"每天"(还可以选择每周、每月),每天频率设置为"执行一次,时间为 3:00:00",其他属性设置为默认值。确定后返回"新建作业"对话框,再确定创建作业成功。

该作业可以让系统在每天的 3 点执行一次步骤,就是完成数据库备份。

新建作业中的其他标签以及步骤和作业中的其他属性,有兴趣学习的读者可以查阅相关书籍。

任务 1-5　配置服务器的安全

1.5.1　设置服务器身份验证模式

1. 身份认证模式

服务器的身份认证模式有 Windows 身份认证和混合身份认证两种,在任务 1-2 的安装 SQL Server 2008 管理系统时,可以设置服务器的身份认证模式,也可以在安装后更改。

2. 设置服务器的身份认证模式

用具有修改服务器身份认证模式的用户身份先登录数据库引擎服务器,选中服务器图标(有三角形图案),在右键菜单中选择"属性"命令,打开"服务器属性"界面,选择"安全性"选项卡,如图 1-92 所示,此时即可设置不同的身份验证模式。

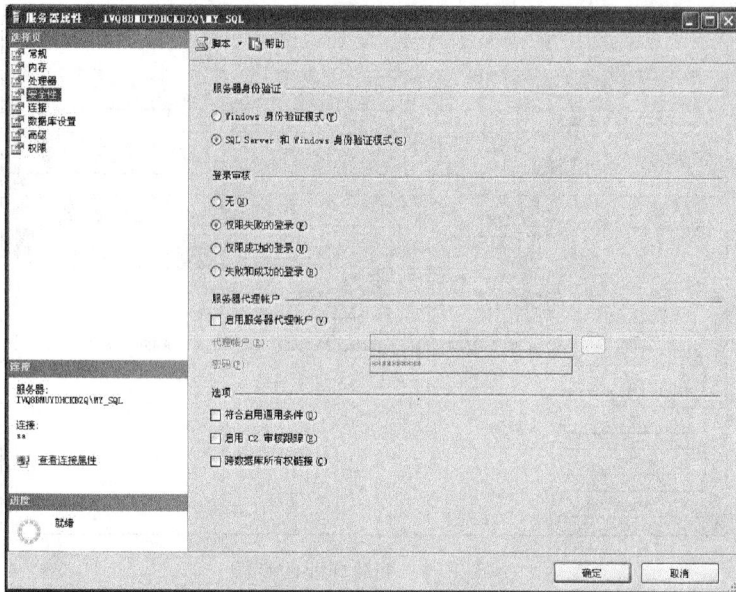

图 1-92　设置身份验证模式

1.5.2　系统管理员登录账户 sa

1. sa 的密码

sa(system administrator)是系统定义、SQL Server 数据库中权限最高、SQL Server 身份认证的服务器账户,该账户无法删除,在数据库中与 dbo 用户关联,可以修改 sa 的密码。

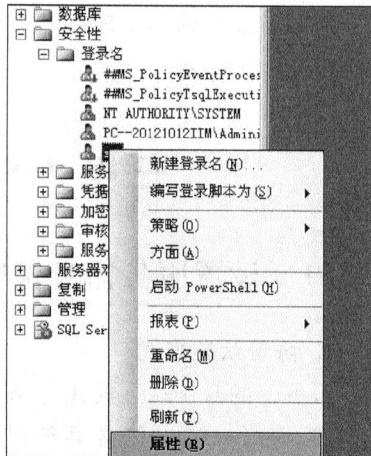

图 1-93　展开 sa 属性

1)展开 sa 的属性

在打开的服务器中选择安全性-登录名-sa-右键-属性,如图 1-93 所示。

2)更改 sa 的密码

在打开的 sa 登录属性窗口中选择"常规"选项卡,可以查看到 sa 的密码框,密码框中以"＊"掩码显示,且"＊"的长度与实际密码长度不一致(任务 1-2 中输入的密码为 6 位),这样可以有效地保护密码。如果在密码框和确认密码框中重新输入密码,确定后即可修改 sa 的密码,如图 1-94 所示。

2. sa 的启用与禁用,允许与拒绝

在 sa 的"登录属性"界面中选择"状态"选项卡,可以查看并设置 sa 连接数据库引擎是"授予"还是"拒绝"以及登录是"启用"还是"禁用",如图 1-95 所示。

注意:如果登录服务器时采用 SQL Server 身份认证的 sa 不能登录,可能的原因和解决途径如下。

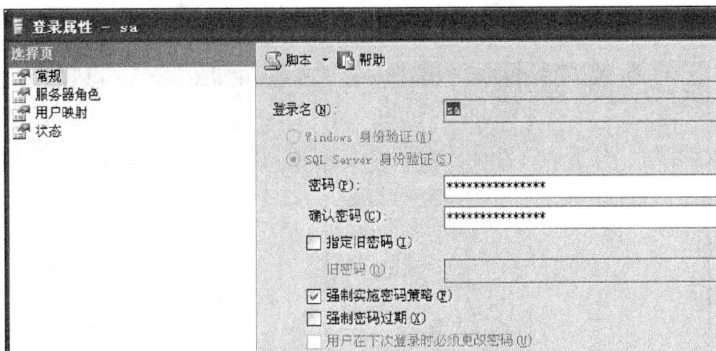

图 1-94　sa 属性

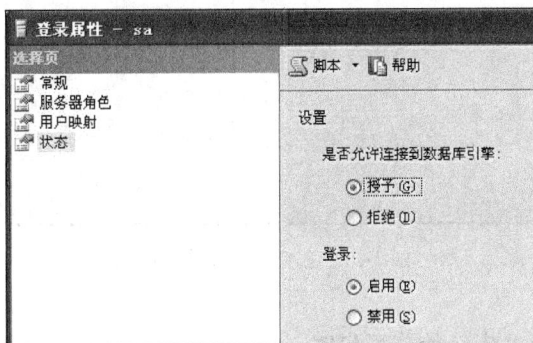

图 1-95　sa 的状态

① 查看当前服务器是否为启动状态。

② 查看服务器属性中的安全性选项是否选择"SQL Server 和 Windows 身份验证"。

③ 如果选择"SQL Server 和 Windows 身份验证",再检查 sa 的密码是否有误。如果未设置或忘记密码,可在 sa 属性面板中修改密码,同时保证 sa 的状态为"授予"和"启用",此时 sa 可登录服务器。

1.5.3　创建数据库级用户 StuUser

本节为本书项目数据库 StuCourseManage 创建 SQL Server 身份认证的用户,使其拥有该数据库管理员的角色(即具备数据库级的最高权限)。

1. 创建登录名

选择当前服务器的"安全性"选项中"登录名"节点,在右键菜单中选择"新建登录名"命令,如图 1-96 所示。

在"新建登录名"的"常规"选项卡中选择相应设置,如图 1-97 所示。登录名输入 StuUser,密码为 123456,去除"用户在下次登录时必须更改密码"复选框,默认数据库选择 StuCourseManage,并同时保

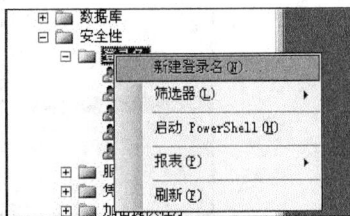

图 1-96　新建登录名

证"状态"为"授予"和"启用"，单击"确定"按钮，创建成功。

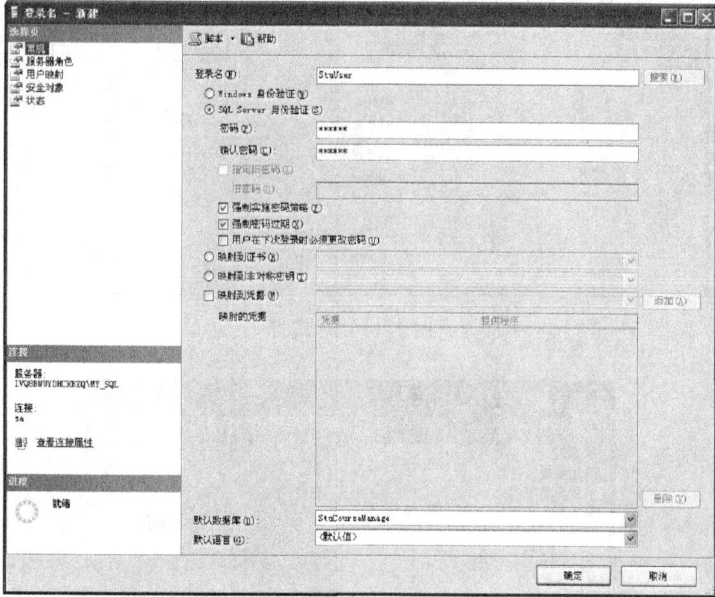

图 1-97　新建登录名 StuUser

2. 为用户赋予数据库级管理员权限

此步也可在创建登录名时选择，如果已创建成功，在登录名中选中 StuUser 项，在右键菜单中执行"属性"命令。在"用户映射"选项卡中，选中 StuCourseManage 数据库和 db_owner 角色，如图 1-98 所示。单击"确定"按钮后即可使得 StuUser 账户具备执行数据库

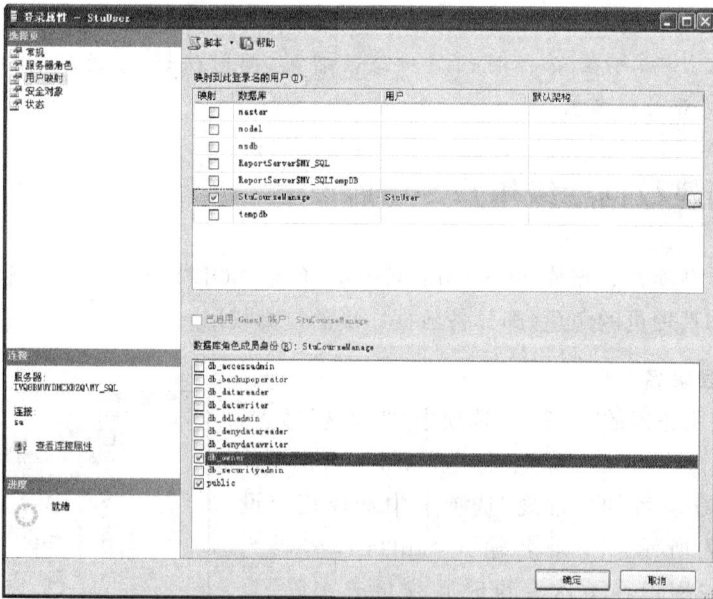

图 1-98　用户映射

数据库开发案例教材

StuCourseManage 中所有操作的权限。

1.5.4 使用 StuUser 登录服务器

登录服务器时选择"SQL Server 身份验证"项,输入登录名 StuUser,输入密码 123456,单击"登录"按钮,可以连接到服务器,如图 1-99 所示。

图 1-99 使用新建登录名连接服务器

试试看:使用 StuUser 登录后,在 StuCourseManage 数据库中创建一张数据表能否成功? 在服务器上创建数据库能否成功? 查看用户数据库能否成功? 查看系统数据库能否成功?

任务 1-6 使用 ADO.NET 技术连接 SQL 数据库

1.6.1 SqlConnection 对象

1. 简介

使用 SqlConnection 对象与 SQL Server 数据库进行连接。

(1) 连接字符串中的常用参数如表 1-8 所示。

表 1-8 连接字符串中的常用参数

参数名	作　用	可　取　值
Server|data source	要连接的服务器	.|(local)|localhost|具体名字
initial catalog	要连接的数据库	具体数据库名
uid|user id	连接的用户名	如 sa
password|pwd	对应的密码	对应密码

（2）连接身份认证方式的选择。

通过任务 1-5 的学习，可知登录数据库引擎服务有 SQL Server 和 Windows 两种身份认证，采用 ADO. NET 连接数据库时也可以采用这两种身份认证登录。

使用 Windows 集成安全身份认证：

```
string connectionString="Server=.; initial catalog=xsgl; Integrated Security=
SSPI";
```

使用 SQL Server 身份认证：

```
string connectionString="server=.; uid=StuUser; pwd=123456; initial catalog=
StuCourseManage";
```

2. 连接数据库步骤

（1）定义连接类实例。

SqlConnection 类的定义在 System. Data. SqlClient 命名空间下，因此需要先添加引用 using System. Data. SqlClient。

① 用两条语句实现：

```
SqlConnection con=new SqlConnection();     //先定义 SqlConnection 类的实例 con
con.ConnectionString="server=.;initial catalog=StuCourseManage; uid=StuUser;
pwd=123456";                               //再为实例的连接字符串赋值
```

② 用 1 条语句实现：

```
SqlConnection con=new SqlConnection("server=.; initial catalog=StuCourseManage;
uid=StuUser; pwd=123456");
```

（2）打开连接。

使用 SqlConnection 类的 Open 方法可以打开连接，语句如下：

```
con.Open()
```

（3）关闭连接。

当连接不再使用时，应主动关闭连接释放资源，使用 Close 方法可以关闭已打开的连接，语句如下：

```
con.Close()
```

1.6.2 创建"学生选课管理系统"网站

1. 启动 Microsoft Visual Studio 2010

选择"开始"→"程序"→Microsoft Visual Studio 2010→Microsoft Visual Studio 2010
命令，如图 1-100 所示。

2. 新建网站

打开 Microsoft Visual Studio 2010 工作窗口后，从"文件"菜单中选择"新建"中的"新

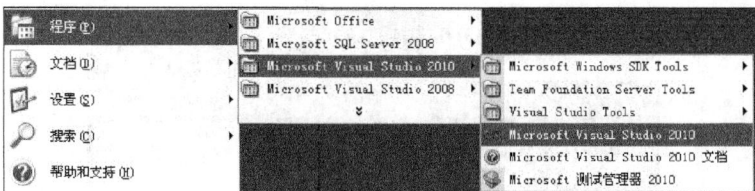

图 1-100　启动 Microsoft Visual Studio 2010

建网站"命令。在"新建网站"对话框中,类型选择 Visual C♯,并选择"ASP. NET 空网站"项,存储位置及其他选项如图 1-101 所示。

单击"确定"按钮即可成功创建并打开网站,在右侧的解决方案资源管理器中可查看到当前网站下的文件及其存储位置,如图 1-102 所示。

图 1-101　"新建网站"对话框

图 1-102　解决方案资源
管理器

1.6.3　连接数据库类的创建

1. 采用类封装的方式连接数据库

1) 创建类

在"解决方案管理器"的右键菜单中选择"添加新项"命令,如图 1-103 所示。

在"添加新项"对话框中选择"类",并输入名称 ConnSql. cs(类命名时通常将关键字的首字符大写),如图 1-104 所示。

网站中的类文件通常存储在一个特殊的 App_Code 文件夹中,当出现如图 1-105 所示的对话框时单击"是"按钮,这样就可在网站中创建 ConnSql 类。

2) 编写代码

(1) 在 web. config 文件中配置连接字符串节点。

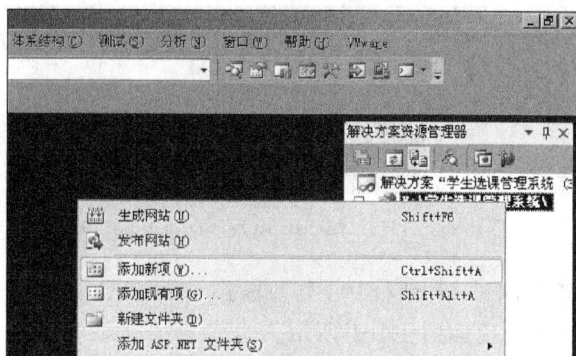

图 1-103 为网站添加新项

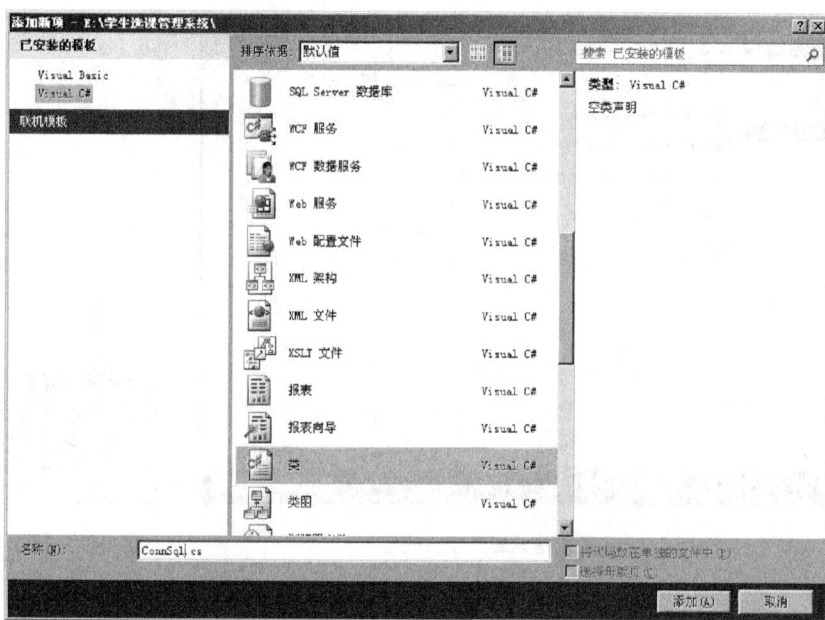

图 1-104 创建 ConnSql.cs 类

图 1-105 类存储位置选择

项目中将连接字符串信息放在 web.config 文件中,这样不仅可以保护连接信息,也将简化对网站的维护,在 web.config 中编辑如下节点信息。

```
<configuration>
    <system.web>
        <compilation debug="false" targetFramework="4.0" />
```

```
    </system.web>
  <connectionStrings >
    < add name =" xkglcon " connectionString =" server =.; initial catalog =
StuCourseManage;uid=sa;pwd=123456" providerName="System.Data.SqlClient"/>
  </connectionStrings>
</configuration>
```

（2）为 ConnSql 类添加引用。

```
using System.Configuration;        //为获取 web.config 文件中的连接字符串服务
using System.Data.SqlClient;       //为可以直接使用 SqlConnection 类服务
```

（3）为 ConnSql 类定义私有属性。

```
public class ConnSql
{
    private string constr=ConfigurationManager.ConnectionStrings ["xkglcon"].
    ConnectionString ;                 //获取 web.config 文件中的连接字符串
    private SqlConnection con;         //定义连接类的实例
}
```

（4）为 ConnSql 类定义方法。

```
//定义 Open()方法用于打开数据库连接
public void Open()
    {
        # region
        con=new SqlConnection(constr); //调用构造函数对 con 初始化
        con.Open();
        # endregion
    }
    //定义 Close()方法用于关闭数据库连接
    public void Close()
    {
        # region
        if (con !=null)
        {
            con.Close();
            con.Dispose();
        }
        # endregion
    }
```

2．测试连接

1）在网站中添加 ConnectionTest. aspx 页面

在"解决方案资源管理器"的项目名处右击，从快捷菜单中选择"添加新项"命令，选择

"Web 窗体"并输入窗体名称 ConnectionTest.aspx,如图 1-106 所示。

图 1-106　添加窗体

2）添加 Button 控件

切换 ConnectionTest.aspx 页面到"设计"视图,从左侧的工具箱中拖放一个 Button 控件到页面中,并修改控件的 Text 属性为"测试连接",如图 1-107～图 1-109 所示。

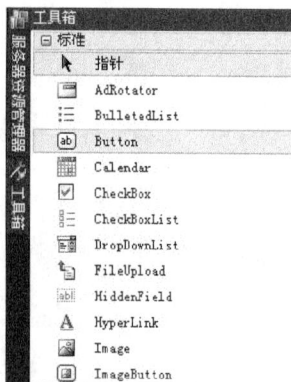

图 1-107　工具箱

图 1-108　Button 控件的 Text 属性设置

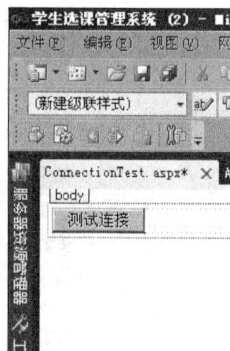

图 1-109　设计视图

3）编写控件的事件代码

双击 Button 按钮控件,在打开的 Click 事件中书写代码如下:

```
protected void Button1_Click(object sender, EventArgs e)
    {
        ConnSql con=new ConnSql();
        con.Open();
```

}

4）运行页面

执行"调试"菜单下的"启动调试"或直接按 F5 键，则可启动调试，在出现如图 1-110 所示的对话框中选择"修改 Web.config 文件以启用调试"单选按钮，单击"确定"按钮。

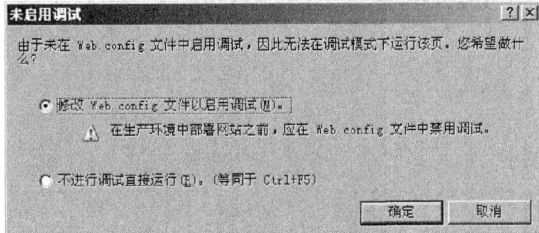

图 1-110　"未启用调试"对话框

在运行后的页面中单击"测试连接"按钮，没出现错误则正确；如有错误则连接信息不正确，应根据信息修改连接字符串中的相应参数值。

3. 直接连接

1.6.3 节的前两步是通过类封装的形式实现 Visual Studio 中的 Web 窗体与 SQL Server 数据库的连接，先定义连接类 ConnSql.cs，然后在需要连接数据库时通过定义实例并调用 Open 方法实现连接。这种连接方式不直观、且需要配置 web.config 文件的节点，理解起来有一定的难度，但可以简化代码的编写，为今后的页面开发奠定基础，使得开发人员可以将精力集中在页面设计和功能设计上。

除了类封装的连接形式，也可以将连接代码直接写在控件的事件中，称为"直接连接"，直接连接比类封装要直观，但代码编写较多，如果要多次连接，就要重复书写连接代码。

下面介绍采用"直接连接"方式连接到 StuCourseManage 数据库的步骤。

1）添加 Button 控件

在 ConnectionTest 窗体中再添加一个 Button 控件，并修改 Text 属性为"直接连接"。

2）编写 Click 事件代码

双击"直接连接"按钮，打开窗体的脚本文件，先添加引用：

```
using System.Data.SqlClient;
```

在 Button 控件的 Click 事件中编写如下代码：

```
protected void Button1_Click(object sender, EventArgs e)
    {
        SqlConnection con=new SqlConnection();
        con.ConnectionString="server=.;initial catalog=StuCourseManage;
        uid=StuUser;pwd=123456";
        con.Open();
    }
```

3）运行测试

运行页面，单击"直接连接"按钮，如果没出现错误，则连接数据库成功；如有错，请对照修改连接字符串参数。

实验 1　SQL Server 2008 的安装和配置

【实验目的】

（1）能够根据计算机软硬件条件选择合适的 SQL Server 2008 版本。

（2）能够在计算机上安装 SQL Server 2008 服务器。

（3）能够启动、连接 SQL Server 2008 服务器。

【实验要求】

（1）了解 SQL Server 2008 的功能、特点及使用方法。

（2）完成 SQL Server 2008 的安装、启动、登录。

（3）了解 SQL Server 2008 的版本及对软硬件的需求。

（4）学习完任务 1-2。

【建议实验学时】

2 学时。

【实验内容】

按照任务 1-2 的安装步骤，在实验计算机上安装 SQL Server 2008 数据库管理系统的命名实例，实例名为用户姓名的汉语拼音。

安装完成后分别使用 Windows 身份认证和 SQL Server 身份认证方式连接服务器，并将登录成功后的界面截屏到实验报告。

实验 2　数据库文件管理

【实验目的】

（1）能够熟练使用 SQL Server Management Studio 的基本工具。

（2）能够分清 SQL Server 2008 数据库的逻辑结构和物理结构。

（3）能够使用图形化方式和 SQL 语句创建和管理数据库。

【实验要求】

（1）装有 SQL Server 2008 的 PC。

（2）明确能够创建数据库的用户必须是系统管理员，或是被授权使用 CREATE DATABASE 语句的用户。

【建议实验学时】

2 学时。

【实验内容】

（1）分别使用图形化方式和命令方式创建一个学籍管理系统,数据库名为 EDUC,主要属性如表 1-9 所示。

表 1-9　EDUC 数据库属性

参　　数	参　数　值
数据库名	EDUC
主行数据文件逻辑名	student_data
主行数据文件物理名	E:\sql_data\student_data.mdf
主行数据文件的初始大小	10MB
主行数据文件的最大大小	50MB
主行数据文件增长方式	5%
日志文件逻辑名	student_log
日志文件物理名	E:\sql_data\student_log.ldf
日志文件初始大小	2MB
日志文件的最大大小	5MB
日志文件增长方式	1MB

（2）使用图形化方式建立一个如表 1-10 所示属性的数据库。

表 1-10　READBOOK 数据库属性

参　　数	参　数　值	参　　数	参　数　值
数据库名	READBOOK	主行数据文件增长方式	15%
主行数据文件逻辑名	Readbook_dat	日志文件逻辑名	Readbook_log
主行数据文件物理名	D:\readbook_dat.mdf	日志文件物理名	D:\readbook_log.ldf
主行数据文件的初始大小	3MB	日志文件初始大小	1MB
主行数据文件的最大大小	10MB	日志文件增长方式	10%

（3）查看 master 数据库的属性及数据文件和日志文件的空间使用情况，并记录查看结果到实验报告。

（4）用 T-SQL 语句为 READBOOK 数据库添加一个大小为 2MB 的次行数据文件，该文件的逻辑名、物理名等属性请自行设置，并把对应的 SQL 语句写入实验报告。

（5）创建一个名为 ReadBook1 的数据库，主行数据文件的初始大小设为 4MB，文件增长量为 1MB，文件的增长上限设为 5MB；日志文件的初始大小设为 1MB，文件增长量为 1MB，文件的增长上限设为 5MB，所有文件均放在 D:\SQLSERVER 文件夹下。

（6）修改 ReadBook1 数据库，为它增加二个次行数据文件，逻辑名分别为 read1 和 read2，物理文件名分别为 read1.ndf 和 read2.ndf，初始容量均为 2MB，均按 10％增长，且最大容量都限定在 5MB，所有文件均放在 D:\SQLSERVER 文件夹下。

（7）创建一个名字为 Temp 的数据库，此数据库包含一个主行数据文件和一个日志文件。其中，数据文件的逻辑名为 Temp1_dat；磁盘文件名为 Temp1_dat.mdf；事务日志文件的逻辑名为 Temp1_log；磁盘文件名为 Temp1_log.ldf；初始大小为 5MB，增长上限为 15MB，每次增长量为 1MB。所有文件均放在 D:\SERVER 文件夹下。

（8）为刚刚创建的名为 Temp 的数据库增加两个数据文件，其中一个数据文件的逻辑名称为 Temp2_dat，磁盘文件名 Temp2_dat.ndf；另一个数据文件的文件名为 Temp3_dat，磁盘文件名为 Temp3_dat.ndf。两个数据文件的初始大小都是 2MB，最大增长上限都是 12MB，每次增长量为 2MB。

（9）为刚刚创建的名为 Temp 的数据库增加两个日志文件，其中一个日志文件的文件名为 Temp2_log，磁盘文件名 Temp2_log.ldf；另一个日志文件的文件名为 Temp3_log，磁盘文件名 Temp3_log.ldf。两个文件的初始大小都是 2MB，最大增长上限都是 12MB，每次增长量为 2MB。

（10）为 Temp 数据库增加一个名为 Temp_Filegroup 的文件组。

实验 3 数据库的备份与还原

【实验目的】

（1）能够将数据库备份成文件。
（2）能够创建备份设备。
（3）能够将数据库备份到备份设备中。
（4）能够从备份文件和备份设备中还原数据库。

【实验要求】

（1）了解数据库备份的基本步骤和方法。

（2）了解数据库还原的基本步骤和方法。

（3）学习完任务 1-4。

（4）能认真独立完成实验内容。

（5）实验后做好实验总结，根据实验情况完成实验报告。

【建议实验学时】

2 学时。

【预备知识：用 Transact-SQL 语句备份数据库】

（1）使用存储过程 sp_addumpdevice 创建备份设备 stu_bak，文件路径为 E：\stu\
stu.bak。

```
sp_addumpdevice 'disk','stu_bak','E:\stu\stu.bak'
```

（2）使用 T-SQL 语句将数据库 READBOOK 完整备份到备份设备 stu_bak 中。

```
BACKUP DATABASE READBOOK to stu_bak
```

（3）差异备份。

```
BACKUP DATABASE READBOOK to stu_bak with DIFFERENTIAL
```

功能说明：READBOOK 数据库在刚才的完整备份后又进行了若干操作，现将
READBOOK 数据库差异备份到备份设备 stu_bak 中。

（4）日志备份。

```
BACKUP LOG READBOOK to stu_bak
```

功能说明：对数据库 READBOOK 进行日志备份，并将备份结果保存在 stu_bak 设
备中。

【实验内容】

（1）创建备份设备，备份设备名称为 bk1，保存路径为 D：\backup\test1.bak。

（2）创建数据库 test，将 test 数据库完整备份到备份设备 bk1 中。

（3）在 test 中创建表 temp1（学号，课程号，成绩，学分），数据类型自选。

（4）将 test 数据库完整备份成文件，文件目录为 D：\backup，文件名为 test.bak。

（5）将 test 数据库差异备份到备份设备 bk1 中。

（6）将 test 数据库差异备份到备份文件 D：\backup\test.bak。

（7）在 test 数据库中创建表 temp2（学号，课程号，成绩，学分），数据类型自选。

（8）创建备份设备 bk2，保存路径为 D：\backup\test2.bak。

（9）把 test 数据库分别进行完整备份和差异备份，都存储到设备 bk2 中。

（10）删除数据库 test。

（11）从设备 bk1 中选择第一个还原选项，将数据库还原名为 test，并查看表 temp1 和 temp2 是否存在。

（12）选择合适的备份结果，将 test 数据库恢复到第一次差异备份后的状态，并查看表 temp1 和 temp2 是否存在。

（13）选择合适的备份结果，将 test 数据库恢复到第二次差异备份后的状态，并查看表 temp1 和 temp2 是否存在。

项目 **2** 管理"学生选课管理系统"中的数据表

【能力目标】

- 能够使用图形化和命令两种方式创建和管理数据表；
- 能够使用图形化和命令两种方式实现记录的添加、修改和删除；
- 在完成"添加、删除学生信息"页面功能的基础上，发散思维，完成"添加、删除课程信息"等页面的功能。

【任务分解】

任务 2-1　创建和修改基本数据表。

任务 2-2　添加、修改和删除表记录。

任务 2-3　创建和使用约束。

任务 2-4　设计并实现"添加学生信息页面"。

任务 2-5　设计并实现"删除学生信息页面"。

【教学重难点】

- 创建和修改数据表；
- 使用命令增加、修改和删除记录；
- 创建表的基本约束；
- 基本页面的规划和布局，连接数据库和操作表数据代码的编写。

【自主学习内容】

为邮件数据库创建所需的数据表，向数据表中添加记录，每张表不少于 5 条，为数据表添加基本约束，设计一个"邮箱用户注册"页面、"邮件发送"页面、"邮箱用户销户"页面、"删除邮件"页面，并编写代码，实现页面功能。

任务 2-1　创建和修改基本数据表

2.1.1　常用数据类型

1. 整型

整型数据是数值型数据中最常见的,不能保存小数位,整型数据可以实现数值型数据的数学运算,SQL Server 中常用的整型数据如表 2-1 所示。

表 2-1　整型数据类型

类型名	所占字节数	表示范围	类型名	所占字节数	表示范围
bigint	8	$-2^{63} \sim 2^{63}-1$	smallint	2	$-2^{15} \sim 2^{15}-1$
int	4	$-2^{31} \sim 2^{31}-1$	tinyint	1	$0 \sim 255$

2. 位型

SQL Server 中的位型(bit)可表示逻辑型,bit 型只能取 0 或 1 两个值。

3. 货币型

常用货币型数据如表 2-2 所示。

表 2-2　货币型数据类型

类型名	所占字节数	表示范围
money	8	$-2^{63} \sim 2^{63}-1$
smallmoney	4	$-2^{31} \sim 2^{31}-1$

4. 浮点型

常用浮点型数据如表 2-3 所示。

表 2-3　浮点型数据

类型名	所占字节数			表示范围	备　注
	n 值	精度	字节数		
float[(n)]	$1 \sim 24$	7	4	$-1.79E+308$ $\sim 1.79E+308$	n 为以科学计数法表示的浮点数的尾数,该值决定了精度和存储字节数
	$25 \sim 53$	15	8		
real		4		$-3.40E+38$ $\sim 3.40E+38$	

5. 日期时间型

常用日期时间型数据如表 2-4 所示。

表 2-4　日期时间型数据

类型名	所占字节数	日期范围	备注
date	3	0001-01-01～9999-12-31	用于表示日期,不含时间
datetime	8	1753-1-1～9999-12-31	表示日期和时间的组合,其时间精度为1/300毫秒
datetime2	6～8	0001-01-01～9999-12-31	精度小于 3 时为 6 字节;精度为 4 和 5 时为 7 字节。所有其他精度则需要 8 字节
smalldatetime	4	1900-1-1～2079-12-31	表示日期和时间的组合,其时间精度为分钟。
datetimeoffset	10	0001-01-01～9999-12-31	用于定义一个与采用 24 小时制并可识别时区的一日内时间相组合的日期

6. 字符型

常用字符型数据如表 2-5 所示。

表 2-5　字符型数据

类型名	所占字节数	存储范围	备注
char[n]	n(输入字符的字节数不足 n 部分用空格填充)	最多 8000 个字符,个数由 n 决定	n 的默认长度为 1
varchar[n]	n(输入字符的字节数不足 n 时,不足部分为空)		
text	字节数随输入数据的实际长度而变化	最多 $2^{31}-1$ 个字符(2 147 483 647)	用于存储长度大于 8000 的变长字符
nchar	Unicode 字符数据类型,无论汉字还是英文字符均以 2 个字节存储,与 char 型相似	最多 4000 个	用法与 char、varchar 和 ntext 相似
nvarchar	与 varchar 相似,属于 Unicode 字符数据类型	最多 4000 个	
ntext	属于 Unicode 字符的长文本类型	最多 $2^{31}-1$ 个字符	

7. 用户自定义数据类型

SQL Server 2008 允许用户自定义数据类型,可以使用图形化方式和命令方式创建用户自定义数据类型。

1) 图形化方式创建用户自定义数据类型

"用户自定义数据类型"存储在数据库的"可编程性"项中的"类型"的"用户自定义数据类型"下,如图 2-1 所示。

在"用户定义数据类型"节点处右击,在弹出的菜单中选择"新建用户定义数据类型"命令,弹出"新建用户定义数据类型"界面,在"常规"选项卡下的名称处输入 xm,作为用户自定义数据类型的类型名,数据类型选择varchar,长度输入 30,默认值和规则不设置,

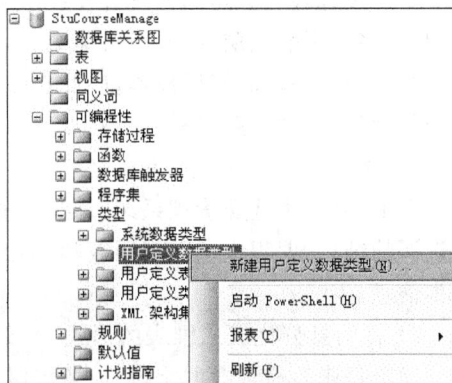

图 2-1　用户自定义数据类型

如图 2-2 所示。

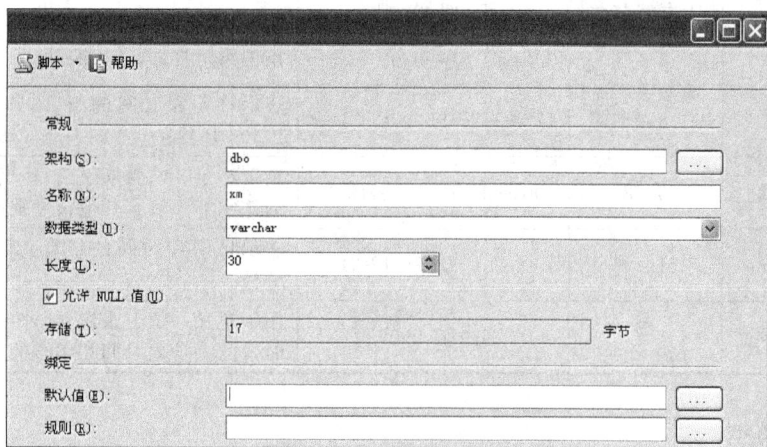

图 2-2　新建用户定义数据类型

确定后就可以在数据库中创建名为 xm 的用户定义数据类型。用户自定义数据类型以 SQL Server 基本类型为基础。

2）命令方式创建用户自定义数据类型

命令格式如下。

[EXEC] sp_addtype '自定义类型名称','基类型(宽度)'[,可空性]

例如，创建名为 xm1，数据类型为 varchar，宽度为 16，允许空的用户自定义数据类型的语句：

exec sp_addtype 'xm1','varchar(16)',null

2.1.2　为 StuCourseManage 数据库创建表

1. 规划设计表

规划设计表在数据库系统开发中所起的作用非常关键，作为底层的数据表如果没有规划好，将会影响上层的开发，可能会产生大量的数据冗余和数据不一致性，甚至可能导致系统在使用一段时间后瘫痪，因此在创建关系表之前一定要先规划，然后再着手实施数据表的创建，规划思路可从以下几点考虑。

1）分析系统应包含的信息

本书的"学生选课管理系统"所包含的信息比较简单，有学生、课程信息，还要记录学生选课的结果，课程应该有指导教师，因此要有教师信息，系统应该有管理人员负责管理基本信息。

2）将信息分化成二维表的形式

确定每张表应包含的字段，以及字段的数据类型、宽度，每张表都必须要确定主键（每张表的主键只能有一个，主键中可以只有一个字段，也可以是多个字段的组合）。

———————— 数据库开发案例教材

3）为表和字段取名，并为字段选择合适的数据类型和宽度

表名和字段名最好见名知意，尽量少用汉字，多选用简单易记的英文字符，这样可以减少写代码时切换输入法；为每张表确定主键以保证实体完整性，设置必要的约束以保证域完整性。

本书将"学生选课管理系统"的基础数据分化为表 2-6～表 2-10 所示的二维表。

表 2-6　student（学生信息表）

字段名	数据类型（宽度）	备　　注	说明
sno	char(7)	主键，学号宽度应相同，有时不一定全部是数字，或有的数字前有 0，因此选用 char 型，宽度应符合客户要求	学号
sname	varchar(20)	宽度为 20 时最多可保存 10 个汉字或 20 个英文字符、数字或符号，不足部分以空代替	姓名
sex	bit	性别只有 2 类，选用 bit 型以节省存储空间	性别
birthday	datetime		出生日期
sfzh	varchar(18)		身份证号

表 2-7　teacher（教师信息表）

字段名	数据类型（宽度）	备注	说明	字段名	数据类型（宽度）	备注	说明
tno	char(7)	主键	工号	sex	bit		性别
tname	varchar(20)		姓名				

表 2-8　course（课程信息表）

字段名	数据类型（宽度）	备　　注	说明
cno	char(4)	主键，课程数量不多，4 位足够	课程号
cname	varchar(50)	课程名应不超过 50 个字节	课程名
tno	char(7)	外键，应为授课教师的工号	授课教师
xs	tinyint	tinyint 节省空间，范围足够	学时
skdd	varchar(50)	如果要避免冗余，应可再增加一个教室表，为减少表的数量，这里直接用文字描述	上课地点

表 2-9　stu_course（选课结果表）

字段名	数据类型（宽度）	备　　注	说明
sno	char(7)	主键	学号
cno	char(4)	主键	课程号
score	float	可以有小数位	成绩

表 2-10　admin（管理员表）

字段名	数据类型（宽度）	备注	说明
username	varchar(16)	主键	用户名
pwd	varchar(16)	不空	密码

2. 使用图形化方式创建表

（1）打开数据库引擎服务器，单击 StuCourseManage 数据库前的"＋"，右击"表"节点，选择"新建表"命令，如图 2-3 所示。在出现的表设计器中输入字段名，选择字段数据类型、宽度值，再设置是否可为空等属性，如图 2-4 所示。

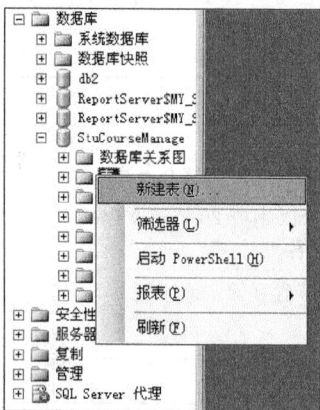

	列名	数据类型	允许 Null 值
	sno	char(7)	☑
	sname	varchar(20)	☑
	sex	bit	☑
	birthday	datetime	☑
▶	sfzh	varchar(18)	☑
			☐

图 2-3　创建表　　　　　　　　　　　图 2-4　写入字段及设置数据类型和宽度

（2）设置主键，选中 sno 字段，在右键快捷菜单中选择"设置主键"命令，可将 sno 字段设置为表的主键，主键字段上有个黄色的钥匙形状，如图 2-5 所示。

（3）设置默认值，选择 birthday 字段，在"列属性"下选择"默认值或绑定"，并输入'1992-1-1'（注意，日期两端要加英文单引号，否则会被识别成整数相减），默认值设置后，如果出生日期没有输入，会自动填充 1992-1-1（1992 年 1 月 1 日），如图 2-6 所示。

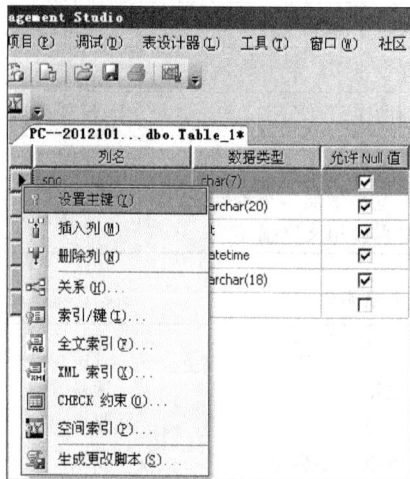

图 2-5　设置主键　　　　　　　　　　图 2-6　设置默认值

（4）保存数据表，单击工具栏上的保存按钮，并输入表名 student，如图 2-7 所示。

数据库开发案例教材

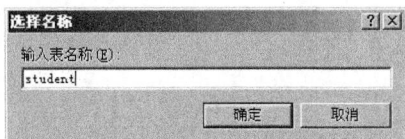

图 2-7　保存数据表

3. 使用 T-SQL 命令创建表

（1）命令格式：

CREATE TABLE 表名（列名 数据类型[(长度) null | not null identity(初始值,步长) 列约束)]　[,…])

说明：

① null|not null：允许取空值或不允许取空值。

② identity(初始值,步长)：定义标识列的关键字,初始值和增量均为整数,只有整型数据类型的字段才可以定义为标识字段,每张表只能有一个标识字段,identity(1,1)表示1,2,3,…序列；identity(100,-1)表示 100,99,98…序列。

③ 列约束：primary key(主键约束)、unique(唯一键约束)、check(检查约束),本部分内容将在任务 2-3 中详细介绍。

（2）使用命令方式创建另外 4 张表。

① 创建 teacher 表：

```
CREATE TABLE teacher              --teacher 是表名
(
tno char(7)   primary key,        --定义主键
tname varchar(20)   not null,     --不空,
sex bit                           --性别为 bit 类型,未说明 not null,则默认可空
)
```

② 创建 course 表：

```
CREATE TABLE course
(
cno char(4)   primary key,cname varchar(50) ,tno char(7),
xs tinyint ,skdd varchar(50)
)
```

③ 创建 stu_course 表：

```
CREATE TABLE stu_course
(
sno char(7),cno char(4),score float,
primary key(sno,cno)              --定义主键,包含两个字段
)
```

④ 创建 admin 表：

```
CREATE TABLE admin
(
username varchar(16) primary key,
pwd varchar(16) check(len(pwd)>=6)     --检查约束,密码长度要在 6 以上
)
```

2.1.3　管理和维护数据表

数据表建立以后,如非特殊情况,尽量少修改表结构,因为误修改和误删除列的操作会让数据表丢失数据。管理数据表的操作主要有添加字段、修改字段和删除字段,下面分别介绍。

1. 图形化方式管理维护表

选中要修改的表,在右键菜单中选择"设计"命令,如图 2-8 所示。在展开的表设计器中右击,可在快捷菜单中看到"设置主键"、"插入列"、"删除列"等命令,这些命令可实现数据表结构的管理工作,如图 2-9 所示。如果要修改字段的数据类型,在对应字段的数据类型处重新选择即可。

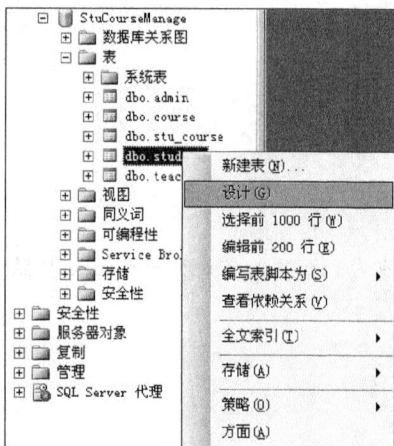

图 2-8　打开表设计器

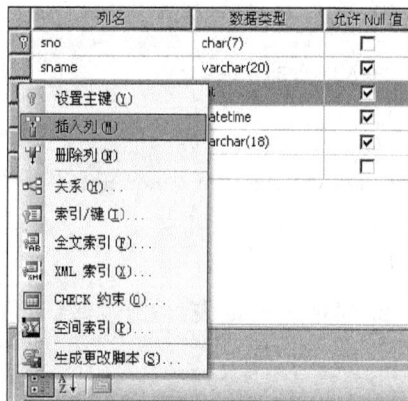

图 2-9　表设计器

以图形化方式修改表结构后,需保存才可以生效,SQL Server 2008 默认情况下不允许通过表设计器修改字段的数据类型和宽度,而命令不受影响。在保存时如果出现如图 2-10 所示的对话框时,表示修改保存不了。可从"工具"菜单下选择"选项"命令,再选择 Designers 中的"表设计器和数据库设计器"节点,去掉"阻止保存要求重新创建表的修改"复选框,就可将图形化时的修改正常保存,如图 2-11 所示。

2. 命令方式管理维护表

1) 命令格式

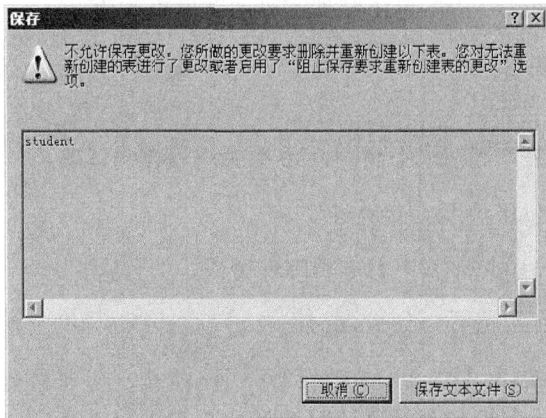

图 2-10　保存不成功

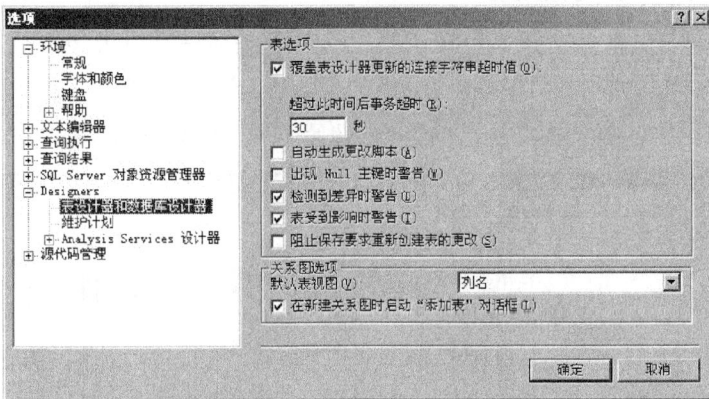

图 2-11　设计器选项

```
ALTER TABLE 表名
ADD (字段名 数据类型 [(宽度) null|not null) ]
|ALTER COLUMN 字段名 新数据类型([[(新宽度) null|not null])
|DROP COLUMN 字段名
```

使用命令可以为数据表添加、修改和删除字段。

2）示例

```
ALTER TABLE student ADD 电子邮件 varchar(100)
```

功能说明：为 student 表添加电子邮件字段。

```
ALTER TABLE student
    ADD 电子邮件 1 varchar(100) default '123@126.com'
```

功能说明：为 student 表添加电子邮件 1 字段，并设置默认值为 123@126.com。

```
ALTER TABLE student ALTER COLUMN 电子邮件 varchar(80)
```

功能说明：将 student 表的电子邮件字段的宽度修改为 80。

```
ALTER TABLE student ALTER COLUMN 电子邮件 1 varchar(80)
default '123@163.com'
```

功能说明：语句将出错，因为 default 值不能用该方法修改。

```
ALTER TABLE student DROP COLUMN 电子邮件
```

功能说明：删除 student 表中的电子邮件字段。

```
ALTER TABLE student DROP COLUMN 电子邮件 1
```

功能说明：语句错误，错误提示"对象'DF__student__电子邮件__108B795B'依赖于列'电子邮件 1'，由于一个或多个对象访问此列，ALTER TABLE DROP COLUMN 电子邮件 1 失败"，原因是该字段设置了默认值，默认值也是数据库对象，删除该字段前，须先删除默认值。展开 student 表，从约束项中找到约束名'DF__student__电子邮件__108B795B'，右击删除后，上述语句即可成功执行。如图 2-12 所示，也可用下面的语句删除默认值对象。

```
ALTER TABLE student DROP DF__student__电子邮件__108B795B
```

图 2-12　删除默认值约束

2.1.4　删除表

1. 图形化方式
选中表，右击，在右键菜单中选择"删除"命令。

2. 命令方式
命令格式如下：

```
DROP TABLE 表名 1, [表名 2,…]
```

从前面的删除数据库及本任务的删除数据表可以看出，删除一个对象比建立一个对象要简单得多。

任务 2-2 添加、修改和删除表记录

2.2.1 添加记录

1. 图形化方式

1）打开添加记录窗口

选中要添加记录的表,右键快捷菜单中选择"编辑前 200 行"命令,打开表格形式的表记录界面,如图 2-13 所示。

2）添加记录

注意：sno 是主键,在添加时不要与已有记录的学号重复,否则会提示如图 2-14 所示的错误。

sno 字段的类型和宽度为 char(7),如果输入值的宽度大于 7,当光标移动到其他行时,会提示如图 2-15 所示的错误,以后出现图 2-15 所示的错误信息均是因输入长度大于定义长度引起的,删除多出的字符即可成功,其他字段在添加时也一样,不要超出定义的长度。

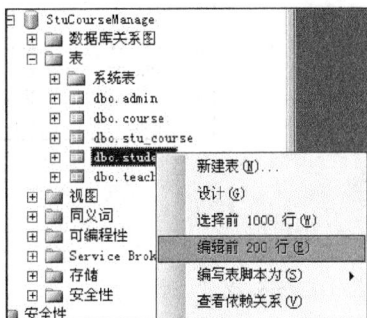

图 2-13 打开添加记录窗口

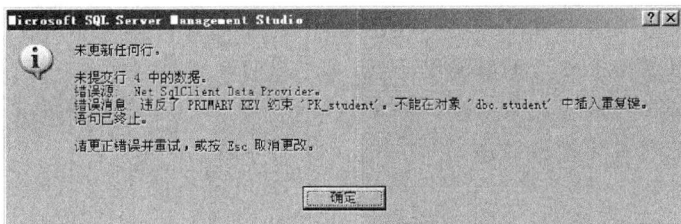

图 2-14 主键重复的错误提示

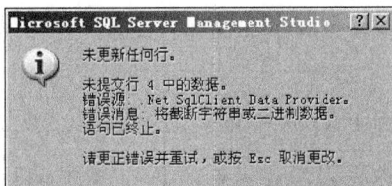

图 2-15 实际输入长度大于定义长度的错误提示

sex 字段的数据类型为 bit,只可接受 0 或 1 两种取值,而在图形化方式添加时直接输入 0 或 1 会出错,输入 false 或 true（大小写不区分,输入后自动调整）可接受,其中 false 值为 0,true 值为 1,若不输入,因没有为 sex 字段设置默认且允许空,于是用空值代替（注意空值与字符 null 不同）。

birthday 字段为 datetime 类型,输入时可用"年-月-日"的方式输入,时间不输入自动用 00:00:00 替代,因为字段设置了默认值"1992 年 1 月 1 日",当未输入时,自动用默认值填充。

带"✐"形状的行表示正在被修改。

带"∗"的行表示添加新行的位置。

某列的值被修改后会在列尾出现红色的感叹号,提交成功后可消失。

数据未提交时要撤销输入,可按 Esc 键。

光标左右移动不提交数据,上下移动成功后,可将当前记录自动提交到数据库保存,无须用户手动保存,如图 2-16 所示。

	sno	sname	sex	birthday	sfzh
	2012001	张果	False	1992-01-01 00:...	1
	2012002	李平	True	1998-04-05 00:...	2
	2012003	*NULL*	*NULL*	1992-01-01 00:...	*NULL*
✐	2012004 ❶	*NULL*	*NULL*	*NULL*	*NULL*
∗	NULL	NULL	NULL	NULL	NULL

图 2-16　添加记录

2. 命令方式

1) 命令格式

INSERT [INTO] 表名 [(字段 1,字段 2,…)] 　 VALUES (表达式 1, 表达式 2,…)

说明:

INTO 关键字可以省略。

字段名的数量与表达式的数量要一致,且对应的数据类型也要一致。

字符型及日期型数据的前后要加英文单引号界定符,bit 型和数值类直接使用。

当为表中的所有字段按顺序添加值时,可省略字段名部分。

2) 示例

INSERT INTO student(sno,sname,sex,birthday,sfzh) VALUES('2012005', '李小冉', 0, '1989-4-8', '5')

功能说明:向 student 数据表添加一条记录,为所有字段均赋值,此时可省略字段名列表。

INSERT INTO student VALUES('2012006', '李小璐', 1, '1989-5-8', '6')

功能说明:向 student 数据表添加一条记录,省略了字段名列表。

INSERT INTO student(sname,sno, sfzh) VALUES('李小龙', '2012007', '7')

功能说明:添加一条记录,只为表中的部分字段赋值,且字段的顺序与原始顺序可以不一致。

2.2.2　修改记录

1. 图形化方式

选中要修改记录的表,右击在弹出的菜单中选择"编辑前 200 行"命令,在显示的表格形记录窗口中直接修改即可,修改记录时要注意主键不重复、输入长度不多于定义长度,取消未提交的修改按 Esc 键,图形化方式修改记录时,当光标移至其他行成功即可提交修改结果,无须用户手动保存。

2. 命令方式

1) 命令格式

UPDATE 表名 SET 字段名=表达式 [,字段名 2=表达式 2···] [WHERE<条件表达式>]

说明:

- UPDATE 语句一次可以修改一个表中的一个或多个字段下记录的值;
- WHERE 条件可以有也可以没有,有表示修改符合条件的记录中对应列的值,无表示修改所有记录对应列的值。

2) 示例

UPDATE student SET birthday='1998-4-3'

功能说明:将 student 表中所有学生的 birthday 都修改成 1998-4-3。

UPDATE student SET birthday='1996-6-6' WHERE sex=0

功能说明:将 student 表中 sex 为 0 的学生的 birthday 修改成 1996-6-6。

UPDATE student SET sfzh=SUBSTRING (sno,6,2)

功能说明:将 student 表中所有学生的 sfzh 都修改为 sno 的最后 2 位,SUBSTRING(字符串,起始位,长度)是取子串函数,语句表示从 sno 字段的第 6 位开始取 2 位。

UPDATE student SET sname='李君',sex=1 WHERE sno='2012003'

功能说明:将 student 表中 sno 为 2012003 的学生的 sname 修改成李君,sex 修改为 1。

2.2.3　删除记录

1. 图形化方式

选中要删除记录的表,右击,在右键菜单中选择"编辑前 200 行"命令,选中要删除的记录,右击,在右键菜单中选择"删除"命令,图形化删除记录时无须手动保存,数据库会自动保存。

2. 命令方式

1) 命令格式

DELETE [from] 表名 [WHERE<条件表达式>]

说明:

没有 WHERE 子句,则删除表中所有记录,有 WHERE 子句则只删除符合条件的记录。

2)示例

```
DELETE student WHERE birthday>'1992-1-1'
```

功能说明:删除 student 表中 birthday 在 1992 年 1 月 1 日以后的记录,比如 1992 年 1 月 2 号就符合条件。

2.2.4 数据导入与导出

本节以 student 表导出为 Excel 文件为主讲内容,实现数据的导入和导出。选中数据库,在右键"任务"菜单中执行"导出数据"命令,如图 2-17 所示。

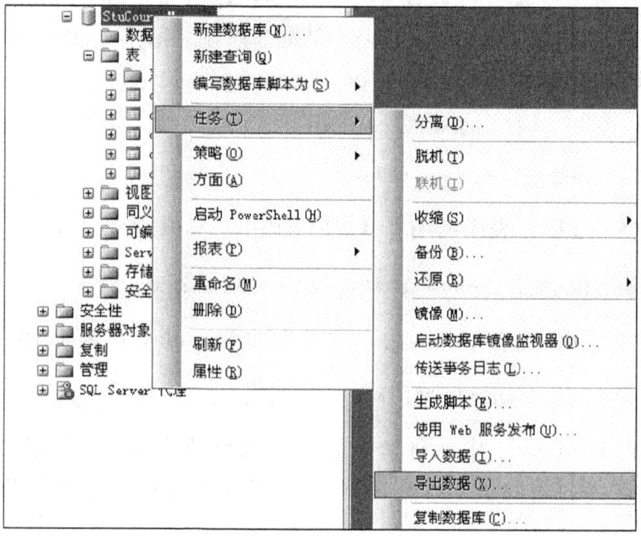

图 2-17 添加记录

在弹出的"SQL Server 导入和导出向导"中单击"下一步"按钮,如图 2-18 所示。

因为选择数据库执行的导出,所以"选择数据源"界面的参数无须选择,采用默认设置,如图 2-19 所示。

单击"下一步"按钮,在"选择目标"界面中将目标选择 Microsoft Excel 项,在文件路径文本框中输入或通过"浏览"按钮选择,如图 2-20 所示。

单击"下一步"按钮后,选择"复制一个或多个表或视图的数据",继续单击"下一步"按钮,在"选择表和源视图"界面中选择 student 表前的复选框,也可以一次选多个表,如图 2-21 所示。

继续单击"下一步"按钮后,直到出现如图 2-22 所示的界面时,表示导出成功,单击"关闭"按钮后,到 E 盘可以找到导出的 Excel 文件。

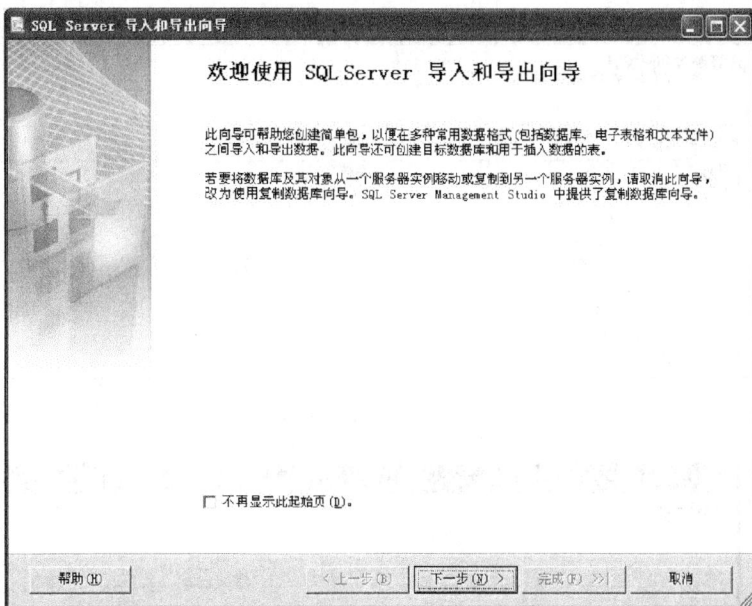

图 2-18　导入导出向导

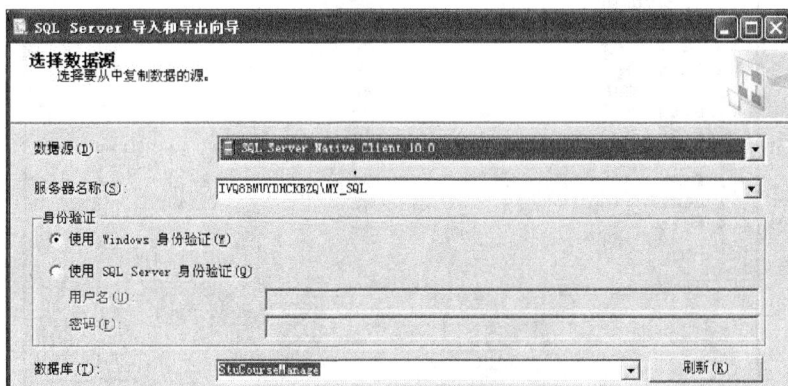

图 2-19　选择数据源

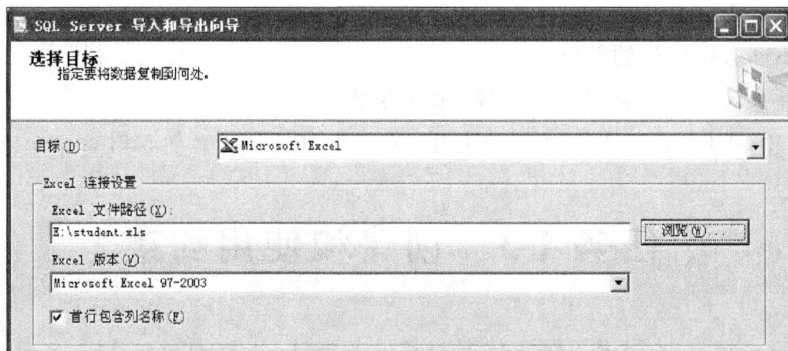

图 2-20　目标设置

项目 2　管理"学生选课管理系统"中的数据表

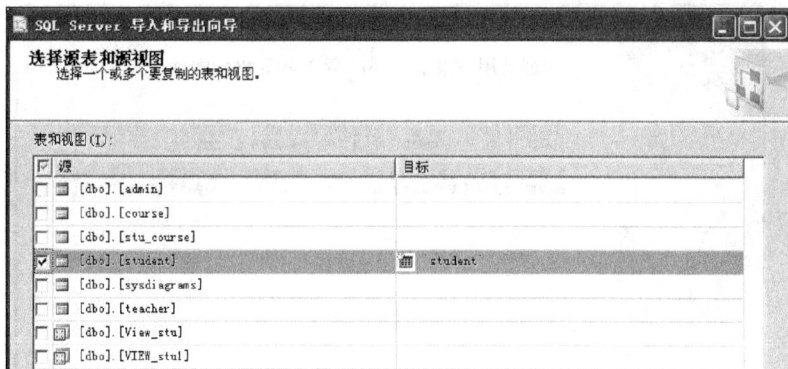

图 2-21 选择源表

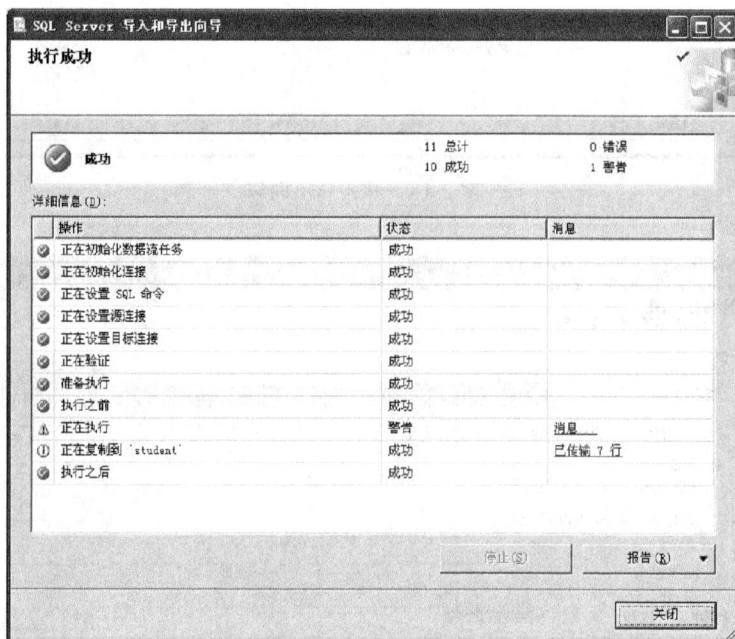

图 2-22 执行成功

除了可以导出为 Excel 文件外,还可以导出为 Acess、Oracle 等类型的数据库文件,也可以实现不同数据库间的数据转移。

数据导入与导出相似,数据源和目标转换即可。

自学:使用 Excel 输入 course 表记录,并使用向导将数据加入到 course 表中。

任务 2-3 创建和使用约束

SQL Server 2008 提供了保证数据完整性的方法,主要通过约束来实现。数据完整性知识参见任务 1-1。

2.3.1 主键约束

主键约束(Primary Key)可保证数据表中的记录不重复,是实现实体完整性的重要手段,一张表只能有一个主键,且主键字段的取值不可为空。为表中的某字段设置主键后,在添加新记录或修改主键字段值时,不允许与现有值重复,有重复则自动提示错误,使得添加和修改不成功。

1. 查看 student 表的主键约束

单击 student 表名前的"+",在"键"项下看到的黄色钥匙标记的数据库对象,就是 student 表的主键约束,PK_student 是该约束的名字,如图 2-23 所示。

2. 删除 student 表的主键约束

选中图 2-23 中的 PK_student 约束名后,在右键菜单中选择"删除"命令,在出现的删除对象窗口中单击"确定"按钮后即可删除 student 表的主键约束。或在查询窗口中输入如下命令:

```
ALTER TABLE student DROP PK_student
```

执行成功后也可以删除 student 表的主键约束。

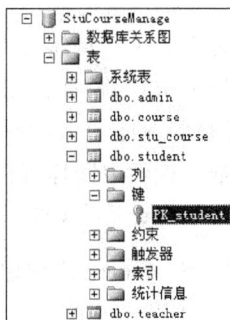

图 2-23 student 表的主键约束

student 数据表中没有主键约束后就不能保证实体完整性要求,如果不小心添加了重复的记录,则数据表处于不稳定状态,直到重复记录被删除为止。

3. 重新建立 student 表中的主键约束

1) 图形化方式

打开 student 表设计器,选中 sno 字段,右击,在菜单中选择"设置主键"命令,保存成功后即可设置成功。

2) 命令方式

命令格式如下。

```
ALTER TABLE 表名 ADD [CONSTRAINT 约束名 ] PRIMARY KEY(字段名)
```

在命令窗口中输入如下语句可重新为 student 表建立名为 pk 的主键约束,约束建立在 sno 字段上。

```
ALTER TABLE student ADD CONSTRAINT pk PRIMARY KEY(sno)
```

4. 创建主键约束的方法

1) 创建表时建立主键约束

格式 1(适合主键中只有一个字段的情况):

```
CREATE TABLE 表名 (字段名 数据类型 PRIMARY KEY [,…])
```

格式 2(适合主键有若干个字段的情况),如下语句。

```
CREATE TABLE xk(sno char(7),kch char(4),PRIMARY KEY(sno,kch))
```

功能说明:创建 xk 表,主键中含有 sno 和 kch 两个字段。

2)向已有表中添加主键约束

```
ALTER TABLE 表名 ADD PRIMARY KEY (列名 1[,…n]) [,…])
```

如重新建立 student 表的主键约束就是选的该命令。

2.3.2　唯一键约束

表中的主键只能有一个,如 student 表中的 sno 字段已经设置为主键,可以保证 sno 字段值不重复,此时 student 表中的 sfzh(身份证号)字段在理论上也应不重复,主键已经被占用,要保证 sfzh 的唯一性可选择唯一键约束(Unique Key)。

唯一键约束同样可以保证数据表的实体完整性,表中可以没有唯一键约束,也可以创建多个唯一键约束,唯一键约束允许字段取空值(只是空值只能有 1 行)。

1. 为 student 表创建唯一键约束

1)图形化方式

在对象资源管理器中选中 student 表,在右键菜单中选择"设计"命令。打开表设计器后在右键菜单中选择"索引/键"命令,弹出"索引/键"对话框,其中已有 2.3.1 节创建的主键约束 pk,单击"添加"按钮,列表中出现名为 IX_student 的项,将"常规"选项中的类型选择"唯一键"项,列选为 sfzh 字段(ASC 表示索引的顺序为升序),"标识"中的名称项可修改索引的名字,如图 2-24 所示。设置完成后,单击"关闭"按钮,再保存。

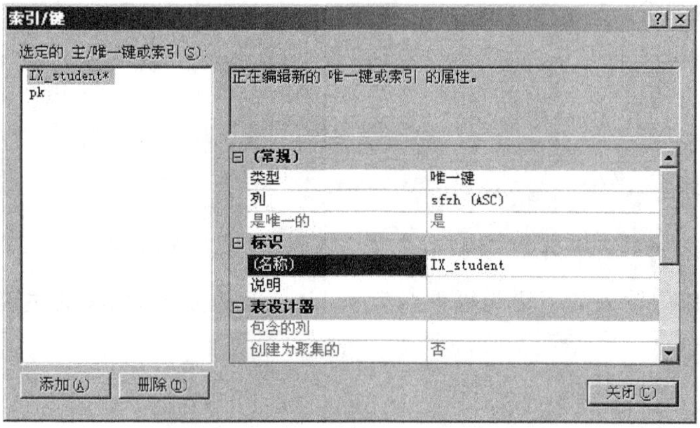

图 2-24　为 student 表创建唯一键

2)命令方式

(1) 在创建表时为表添加唯一键约束。

格式 1(适合唯一键中只有 1 个字段的情况):

CREATE TABLE 表名 (字段名 数据类型 UNIQUE[,…])

格式 2(适合唯一键中不止 1 个字段的情况):

CREATE TABLE 表名 (字段说明,UNIQUE (字段 1[,…n]) [,…])

(2)向已有表添加唯一键约束。

ALTER TABLE 表名 ADD [CONSTRAINT 约束名] UNIQUE (列名 1[,…n]) [,…])

2. 查看 student 表的唯一键约束

查看唯一键与查看主键一样,在图 2-25 中蓝色向上
钥匙形状的键就是唯一键。

3. 删除唯一键约束

与删除主键约束一样,在查看到唯一键约束后,右
击选择"删除"命令即可。

命令格式如下:

ALTER TABLE 表名 DROP 约束名

图 2-25　student 表中的唯一键

2.3.3　检查约束

检查约束(Check)是实现数据库域完整性的重要手段。

为字段设置检查约束后可以限制字段的取值范围。例如,性别只能取"男"或
"女",年龄不能取 0 或负数,出生日期要在某范围内,要实现这些要求可以为字段创建
检查约束。

1. 创建检查约束

1)命令方式

(1)创建表时添加检查约束:

CREATE TABLE 表名 (列名 数据类型 CHECK (逻辑表达式) [,…])

示例:

```
CREATE TABLE XK(sno char(7),cno char(4),
PRIMARY KEY(sno,cno),                    --添加主键约束
score float check(score>=0 and score<=100)
--添加检查约束,取值在 0~100 之间,缩小了原本 float 型数据的取值范围
)
```

(2)向已有表中添加检查约束。

```
ALTER TABLE 表名 [WITH NOCHECK]
ADD  [CONSTRAINT 约束名] CHECK (逻辑表达式)
```

说明：带 WITH NOCHECK 关键字表示在创建约束时不检查现有数据，无 WITH NOCHECK 关键字则要对表中的现有数据进行检查，如有违反现有约束的数据存在，会创建失败。

```
ALTER TABLE student WITH NOCHECK
ADD CHECK(birthday>'1985-1-1')
```

功能说明：为 student 表添加检查约束，要求 birthday 取值在 1985 年 1 月 1 日之后。

2）图形化方式

在对象资源管理器中选中要创建约束的表，在右键菜单中选择"设计"命令，打开"表设计器"。在"表设计器"界面中右击，选择"CHECK 约束"命令，弹出"CHECK 约束"对话框，单击"添加"按钮，自动在列表中添加名为 CK_student 的约束，在"常规"项中的"表达式"中输入 birthday＜'2015-1-1'，单击"关闭"按钮，保存对表结构的修改，保存成功后即可创建成功，如图 2-26 所示。"CHECK 约束"对话框中名为"CK_student_birthday_145…"的约束是使用命令添加的约束，因在输入命令时没有设置约束名，系统自动命名，且在名字后面加上一串随机数字。

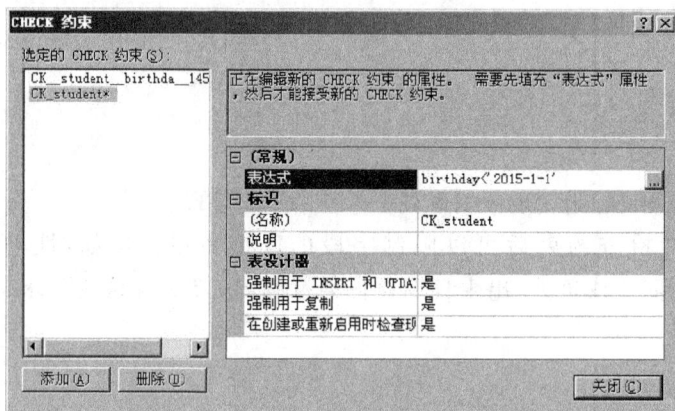

图 2-26　创建 CHECK 约束

在图 2-26 中，如果要取消"检查现有数据"，可将"在创建或重新启用时检查现有数据"项选择为"否"即可。

综合上面检查约束创建，birthday 的取值范围应在 1985 年 1 月 1 日之后，2015 年 1 月 1 日之前。

2. 查看检查约束

如图 2-27 所示，检查约束和默认值约束都显示在"约束"项下，图中的第一个约束名后附带了一串随机字符，是由于在使用命令创建约束时没有为约束取名而系统自动命名的结果，DF_student_birthday 是 birthday 字段的默认值产生

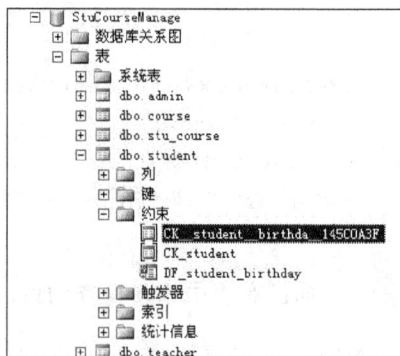

图 2-27　查看检查约束

的数据库对象。

3. 删除检查约束

ALTER TABLE 表名 DROP 约束名

2.3.4 外键约束

外键约束(Foreign Key)是实现参照完整性的主要手段,在开始本节前先在 student、course 和 stu_course 三张表中的添加数据,内容如表 2-11～表 2-13 所示。

表 2-11 student 表中数据

sno	sname	sex	birthday	sfzh
2012001	张三	1	1999-10-20	01
2012002	李四	1	1999-10-20	02
2012003	王五	0	1999-10-20	03
2012004	赵大	0	1999-10-20	04
2012005	孙二	1	1999-10-20	05

表 2-12 course 表中数据

cno	cname	tno	xs	cno	cname	tno	xs
0001	C 语言	2001001	70	0004	计算机网络	2005002	120
0002	数据库	2001002	100	0005	多媒体技术	2005003	60
0003	面向对象程序设计	2005001	64				

表 2-13 stu_course 表中数据

sno	cno	score	sno	cno	score
2012001	0001	85	2012002	0007	83
2012001	0002	87	2012006	0003	75
2012002	0001	89	2012006	0007	35

stu_course 表中保存的是学生的选课结果,从中可以看到 2012006 这个学生在 student 表并不存在,0007 这门课程在 course 表也不存在,这就出现了数据不一致性,不存在的学生有选课,不存在的课程也被选,甚至不存在的学生选了一门不存在的课程,这些都破坏了数据表之间最基本的参照完整性。

要实现参照完整性可以创建外键实现,使表之间满足必要的关联要求。在任务 1-1 一中,介绍了关系数据表间关联的种类,学生与课程间的关系就是典型的"多对多"联系,数据库系统无法直接实现多对多联系,但可以转换成 student 与 stu_course、course 与 stu_course 这两个一对多联系来间接实现。

创建数据外键关联时,要确定主键表和外键表,如果是一对一的关联,任意一张表都可选作主键表,另一张表就是外键表,而一对多的联系,一端的表(如 student 和 couse)要作为主键表,多端的表(如 stu_course)作为外键表。

1. 通过表设计器创建外键约束,实现关联

打开外键表 stu_course 的表设计器,在右键菜单中选择"关系"命令。单击"添加"按钮,在"表和列规范"项中选主键表为 student,连接字段都选择 sno,如图 2-28 所示。

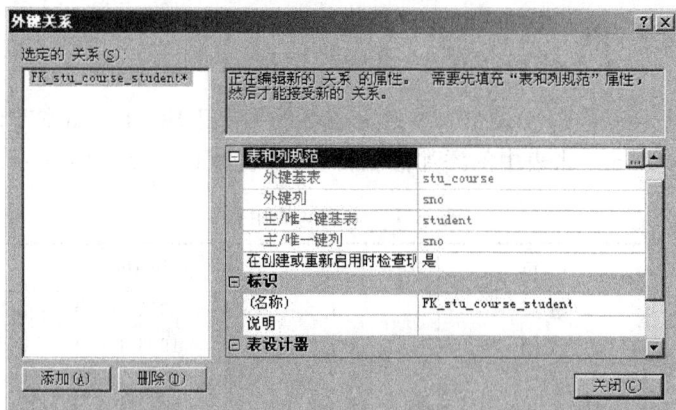

图 2-28　创建外键关系

单击"关闭"按钮,保存对 stu_course 的修改,如果表中数据满足基本参照完整性要求,则可保存成功,否则保存不成功。要保存成功,可将图 2-28 中的"在创建或启用时检查现有数据"项选择"否",或将违反参照完整性的数据删除。

2. 通过命令创建外键约束,实现关联

1) 创建表时创建外键约束

格式 1:

CREATE TABLE 表名 (字段名 数据类型 [(宽度)] [CONSTRAINT 约束名] [FOREIGN KEY]
REFERENCES 主键表名 [字段名] [ON DELETE CASCADE|ON UPDATE CASCADE] [,…])

说明:用于实现表之间的联系字段只有一个的情况,且该表为外键表。

格式 2:

CREATE TABLE 表名 ([CONSTRAINT 约束名] [FOREIGN KEY] [(字段名 [,…n])] REFERENCES
主键表名 [(字段名 [,…n])] [ON DELETE CASCADE|ON UPDATE CASCADE] [,…])

说明:用于实现表之间的联系字段有多个的情况,ON DELETE CASCADE 表示级联删除,ON UPDATE CASCADE 表示级联更新。

2) 为表添加外键约束

ALTER TABLE 表名 ADD [CONSTRAINT 约束名] [FOREIGN KEY] [(字段名 [,…n])] REFERENCES
主键表名 [(字段名 [,…n])] [ON DELETE CASCADE|ON UPDATE CASCADE] [,…]

示例:

ALTER TABLE course ADD FOREIGN KEY (tno) REFERENCES teacher(tno)

数据库开发案例教材

功能说明：添加 teacher 表和 course 表间的外键关联，两表为一对多联系，course 为外键表，连接字段为 tno。

3. 通过创建关系图创建外键约束，实现关联

1）新建关系图并添加表

展开 StuCourseManage 数据库，单击"数据库关系图"前的加号，如果出现如图 2-29 所示的对话框时，选择"是"。

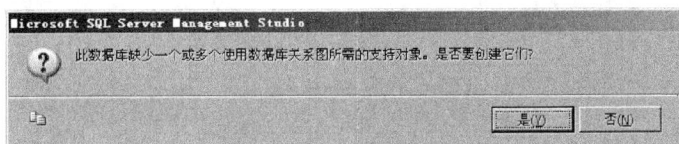

图 2-29　关系图提示对话框

在"数据库关系图"选项处右击，选择"新建数据库关系图"命令，弹出添加表对话框，将数据库中的 5 张表全部加入，如图 2-30 所示。

由于已经用图形化界面和命令方式分别创建了 student 和 stu_course、teacher 和 course 表之间的联系，因此当 5 张表添加以后，关系图的初始状态如图 2-31 所示，有钥匙形状端的表为主键表，有∞符号端的表为多端的外键表。

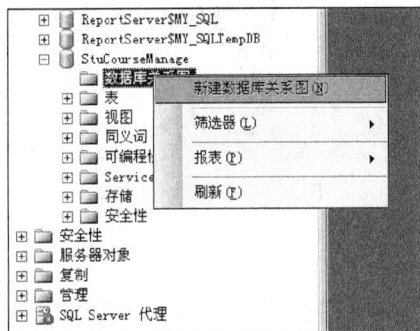

图 2-30　新建数据库关系图

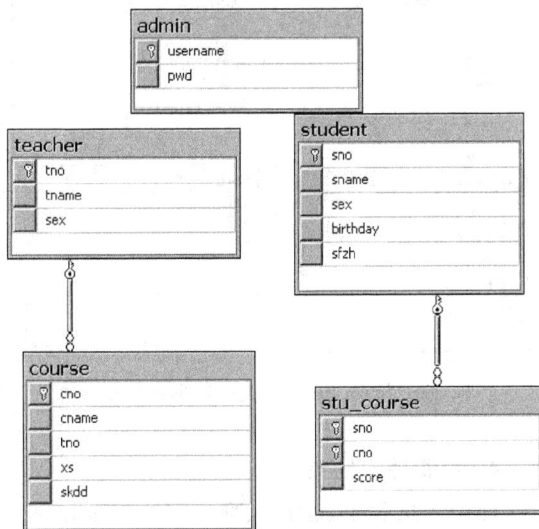

图 2-31　关系图的初始状态

2）创建表间的外键约束

由图可以看出，course 表与 stu_course 表间的一对多联系还未建立，用鼠标选中 course 表的 cno 字段，拖向 stu_course 的 cno 字段，松开后会自动弹出如图 2-32 所示的外键关系对话框，确定后即可创建成功。

StuCourseManage 数据库中最终的关系图如图 2-33 所示，admin 表与另外 4 张表没有任何联系，三个外键约束均为一对多联系，保存该关系图为 Refe1，如果保存不成功，请

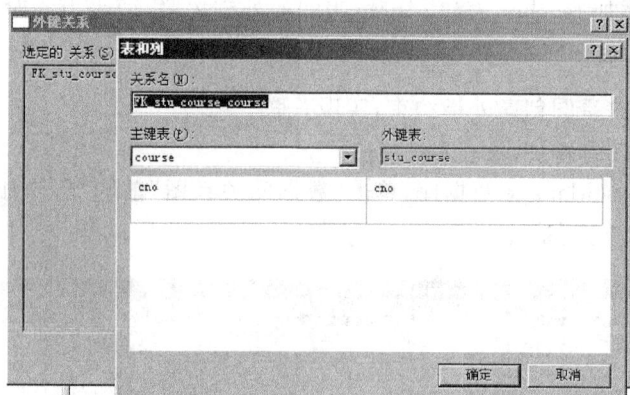

图 2-32　创建 couse 表与 stu_course 的外键约束

将影响外键约束的记录去除掉,或将"检查现有数据"项选择"否"。

如图 2-33 所示,一对多联系的主键表端的连线为黄色钥匙形状,外键表为无穷形状。

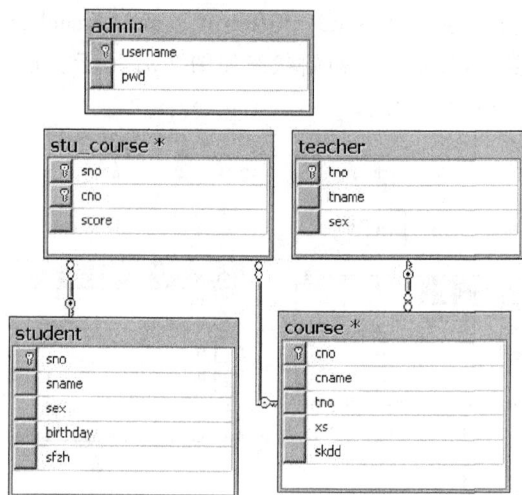

图 2-33　StuCourseManage 数据库中的关系

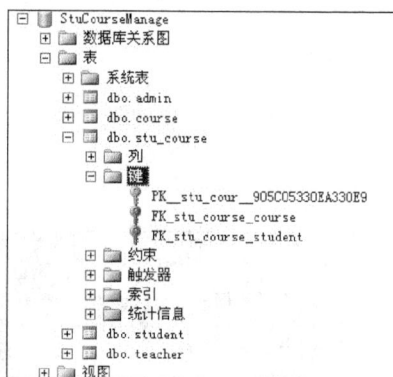

图 2-34　查看外键约束

4. 查看外键约束

外键约束和主键约束、唯一键约束都显示在数据表的"键"选项中,不过只能在外键表中看到外键约束的图标,主键表中不显示,在图 2-34 中就显示了 stu_course 表中的两个外键约束,图标为灰色向下钥匙形状。

5. 设置级联更新

假定 student 表中学号为 2012001 的同学有选课,现在该学号被修改为 2012100,则 stu_course 表中的 2012001 将违反参照约束(因为 2012001 已不存在),建立了外键约束后,数据库可以自动避免这样的错误,默认情况下是不允许用户更改已选课学生的学号的,如果想使得修改成功,可以将"更新规则"选为"级联更新"。

　数据库开发案例教材

选择 stu_course 表中与 student 相关的外键约束,右击选择"修改"命令,如图 2-35 所示。

在表设计器选项中将更新规则选为"级联",如图 2-36 所示。默认的更新规则为"不执行任何操作",表示不允许用户修改主键表中关联字段的值,更新规则选为"级联"后,修改主键表中的关联字段值时,外键表中相关联的字段值可以自动修改,并和主键表的值一致。

图 2-35　修改外键约束

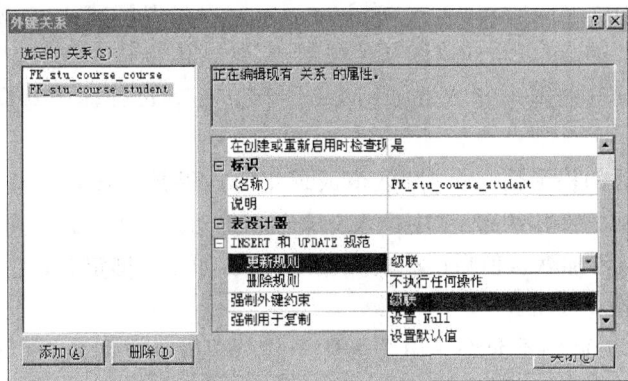

图 2-36　更新规则

除了级联和不执行任何操作外,还有设置 Null 和设置默认值两个选项。

6. 设置级联删除

如果删除 student 表中的 2012001 也会导致 stu_course 表中的该学生违反参照完整性,默认是不允许删除已选课学生的记录,此时可设置级联删除规则以保证数据一致性,如图 2-37 所示。

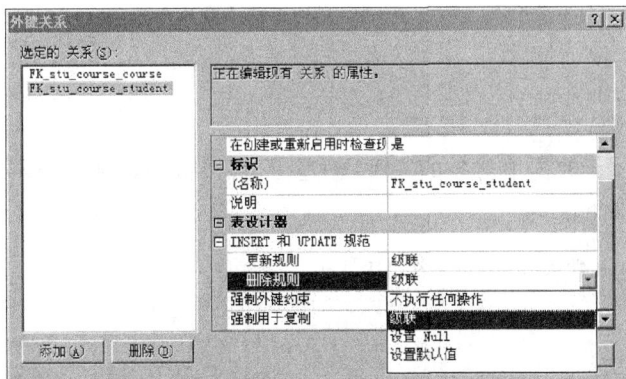

图 2-37　删除规则

保存设置,成功后即可设置级联删除和级联更新规则,级联删除规则设置后,当删除 student 表中的某条记录后,会自动将 stu_course 表中对应的记录一并删除。

同时设置 teacher 表与 course 表、course 表与 stu_course 表之间的更新规则和删除规则均为"级联"。

7. 删除外键约束

删除外键约束与删除其他约束的方法相同。

2.3.5 默认值

1. 简介

在任务 2-1 中创建 student 表时，为 birthday 字段设置了默认值，使得 birthday 字段在没有接收到输入时，可以自动以默认值来填充，默认值也是实现数据完整性手段之一。在为列设置默认值时的图形化方式如图 2-38 所示，在表设计器中对应字段的列属性处选择。

设置默认值时的提示信息为"默认值或绑定"，如果是直接将默认值输入，表示默认值，设置默认值会在表的"约束"项中产生一个数据库对象，如图 2-39 所示的 DF_student_birthday 就是直接添加默认值后产生的数据库对象；如果要绑定默认值，则要先在数据库中创建默认值对象才可以。

SQL Server 2008 中不允许使用图形化方式创建默认值对象，默认值对象在数据库中存储在数据库节点下的"可编程性"中的"默认值"项中，如图 2-40 所示。

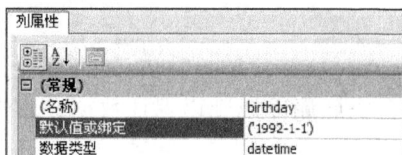

图 2-38　为字段设置默认值　　图 2-39　默认值约束　　图 2-40　默认值对象的
存储位置

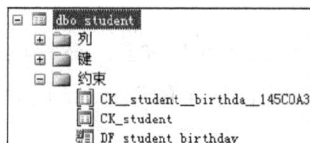

2. 创建默认值

默认值对象属于数据库对象的一种，创建后，可以被绑定到多个字段中。创建默认值对象的命令格式如下。

```
CREATE DEFAULT 默认值名称 AS 常量表达式
```

例如：

```
CREATE DEFAULT df1 AS 60                    --创建名为 df1 值为 60 的默认值对象
```

默认值创建好后就可以在数据库的"可编程性"中的"默认值"项中查看到默认值对象。

3. 绑定默认值

默认值创建后可以被绑定到数据表字段上或用户自定义数据类型上。

1) 图形化方式

将 df1 默认值对象绑定到 stu_course 表的 score 字段上。打开 stu_course 表的设计器,选中 score 字段,在"默认值或绑定"的下拉列表中选择 df1,保存后即可设置成功,如图 2-41 所示。

2) 命令方式

图 2-41 绑定默认值到字段

需使用系统存储过程 sp_bindefault 才可以将默认值对象绑定到字段,语句格式如下。

```
[EXECUTE] sp_bindefault '默认值名称', '表名.字段名'
```

例如:

```
exec sp_bindefault 'df1','course.xs'  --将 df1 绑定到 course 表的 xs 字段上
```

4. 解除绑定

当字段不需要默认值时,可以将默认值对象的绑定解除。

1) 图形化方式

与绑定相似,只需要在表设计器中将选定的绑定去除即可。

2) 命令方式

使用系统存储过程来解除绑定,语法如下。

```
[EXECUTE] sp_unbindefault '表名.字段名'
```

例如:

```
exec sp_unbindefault 'course.xs'      --解除 course 表的 xs 字段上的默认值绑定
```

5. 删除默认值对象

SQL Server 2008 要求必须使用命令方可删除默认值对象,语法格式如下。

```
DROP DEFAULT 默认值名称 [,…]
```

提示:在删除一个默认值对象之前,应首先将它的绑定全部解除,否则删除不成功。

在本节的学习中,要分清默认值与默认值对象间的区别,两者功能相同,但默认值对象可以重复使用。

2.3.6 规则

1. 简介

规则(Rule)是实现域完整性的一种手段,与 CHECK 约束相似,两者功能相同,但规

则创建后可以重复使用。

规则是一种数据库对象,可以绑定到一列或多个列上,在数据库中的存储位置和默认值对象一样都放在"可编程性"下。

规则的基本操作与默认值对象极其相似。

2. 创建规则

同样不能使用图形化方式创建规则,语句格式如下。

CREATE RULE 规则名称 AS 条件表达式或逻辑表达式

例如:

CREATE RULE ru1 AS @r>=0 and @r<=255   --创建名为 ru1 取值范围为 0~255 的规则

提示:规则中的量@r是一个局部变量,当绑定到字段时可以限制字段的取值范围。

3. 绑定规则

使用系统存储过程 sp_bindrule 将规则绑定到字段上,语法格式如下。

[EXECUTE] sp_bindrule '规则名称', '表名.字段名'

例如:

exec sp_bindrule 'ru1','course.xs'   --将规则 ru1 绑定到 course 表的 xs 字段上
exec sp_bindrule 'ru1','stu_course.score'

  --将规则 ru1 绑定到 stu_course 表的 score 字段上

4. 解除规则的绑定

使用系统存储过程 sp_unbindrule 解除规则的绑定,语句格式如下。

[EXECUTE] sp_unbindrule '表名.字段名'

例如:

exec sp_unbindrule 'course.xs'   --解除 course 表的 xs 字段上的规则绑定
exec sp_unbindrule ' stu_course.score '

  --解除 stu_course 表的 score 字段上的规则绑定

5. 删除规则

删除规则的语法格式如下。

DROP RULE 规则名称 [,…]

例如:

DROP RULE ru1   --删除规则 ru1

任务 2-4　设计并实现"添加学生信息页面"

2.4.1　目录设计

1. 打开网站

选择"开始"→"所有程序"→Visual Studio 2010 命令,再执行"文件"→"打开"→"网站"命令,选中"学生选课管理系统"所在的目录,单击"打开"按钮,会在解决方案资源管理器中看到任务 1-6 中所创建的网站及其中相关文件,如图 2-42 所示。

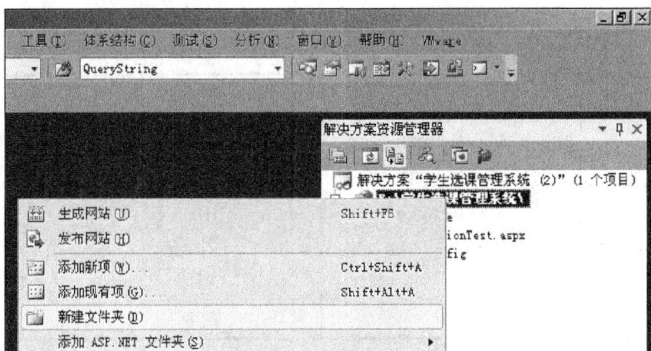

图 2-42　为网站新建文件夹

2. 为"学生选课管理系统"网站添加 AddStu.aspx 窗体

1) 创建文件夹

如果将网站的所有页面均存放在网站根目录下,势必使得根目录下的文件太多,不方便管理,系统除了要实现添加学生页面之外,还有添加教师、添加课程等页面,为了有效管理网站文件,使其存储更合理,为当前网站新建文件夹 Stu,并将与学生有关的窗体文件存放在该文件夹中,如图 2-42 所示。

2) 新建 AddStu.aspx 窗体

选中 Stu 文件夹,在右键菜单中选择"添加新项"命令,类型选择"Web 窗体",输入名称为 AddStu.aspx,选中"将代码放在单独的文件中"复选框,单击"确定"按钮后创建成功。

2.4.2　页面设计

Web 窗体通常使用表格实现页面布局,student 表中的 sfzh 字段是为了说明唯一键而设立的,本任务中将 sfzh 字段删除。设计 AddStu.aspx 的页面布局如图 2-43 所示。添加信息页面各控件属性如表 2-14 所示。

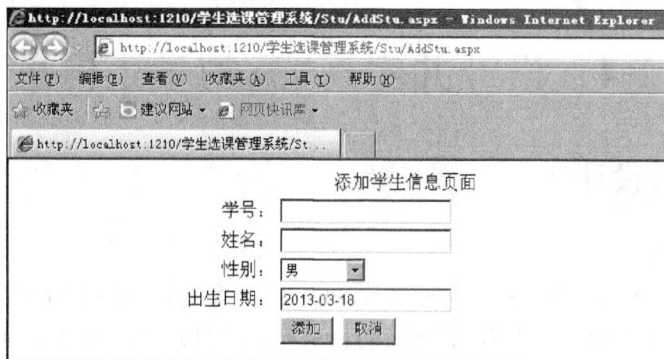

图 2-43 页面布局

表 2-14　添加信息页面各控件属性

控件 ID	属　　性	值	说　　明
TextBox1	MaxLength	7	输入学号
TextBox2	MaxLength	20	输入姓名
TextBox3	MaxLength	10	输入出生日期
DropDownList1	Items	男、女	选择性别
Button1	Text	添加	确认添加
Button2	Text	取消	清空输入

2.4.3　代码设计

1. 窗体的加载事件代码

在窗体"设计"视图的空白处双击,会打开窗体的 Page_Load 事件,代码如下。

```
protected void Page_Load(object sender, EventArgs e)
    {
        if(IsPostBack==false)              //判断页面是第一次加载还是响应加载
        //在 TextBox3.Text 文本框中显示当前日期
        TextBox3.Text=DateTime.Now.ToString("yyyy-MM-dd");
    }
```

2. "取消"按钮的 Click 事件代码

"取消"按钮用于将已输入的内容清空,代码如下。

```
protected void Button2_Click(object sender, EventArgs e)
    {
        TextBox1.Text=string.Empty;        //学号文本框清空
        TextBox2.Text="";                  //姓名文本框清空
        TextBox3.Text=DateTime.Now.ToString("yyyy-MM-dd");
                                           //出生日期文本框内容设置为当前日期
```

　　　　　　　数据库开发案例教材

```
        }
```

3. "添加"按钮的 Click 事件代码

"添加"按钮的作用是将页面中输入、选择的内容添加到数据表 student 中，连接数据库已经在任务 1-6 中实现，本任务要在数据库中执行添加命令，ADO. NET 提供了 SqlCommand 对象用来执行 SQL 语句。

（1）SqlCommand 对象简介。

SqlCommand 对象主要用来执行 SQL 语句，其常用属性和方法如表 2-15 所示。

表 2-15　SqlCommand 对象的常用属性和方法

常用属性与方法	含　义
Connection	当前对象可用的数据库连接
CommandText	要执行的 SQL 命令文本
ExecuteNonQuery()	执行 SQL 命令的方法，CommandText 仅仅为属性赋值，命令真正执行还要调用此方法

（2）为 ConnSql. cs 文件中的 ConnSql 类增加 RunSql 方法，用于执行 SQL 语句。

① 定义私有属性如下。

```
private SqlCommand com;                 //定义私有属性,用于执行 SQL 命令
```

注意：该私有属性与任务 1-6 中的两个私有属性放在一起。

② 为 ConnSql 添加 RunSql(string strSql)方法。

```
public void RunSql(string strSql)
    {
        #region
        Open();                         //调用 ConnSql 类的 Open()方法打开连接
        com=new SqlCommand(strSql, con);
            //调用 SqlCommand 对象的构造函数,分别为 CommandText、Connection 属性赋值
        com.ExecuteNonQuery();          //执行命令
        Close();                        //关闭连接
        #endregion
    }
```

③ 编写"添加"按钮的 Click 事件代码。

"添加"按钮实现将输入数据加入到数据库中的数据表 student，因数据表中的 sex 字段的数据类型为 bit 型，只能接受 0 或 1 的输入，本书规定值为 0 时表示女，为 1 时表示男，因此要判断当前的性别下拉列表选择了哪项，代码如下。

```
protected void Button1_Click(object sender, EventArgs e)
{
    ConnSql con=new ConnSql();
```

```
string sqltext="";
if(DropDownList1 .SelectedIndex==0)  //选择了男
sqltext="insert student values('"+TextBox1.Text.Trim()+"','"+
TextBox2.Text.Trim()+"',1,'"+TextBox3.Text.Trim()+"')";
else                                //选择了女
    sqltext="insert student values('"+TextBox1.Text.Trim()+"','"+
    TextBox2.Text.Trim()+"',0,'"+TextBox3.Text.Trim()+"')";
con.RunSql(sqltext);
TextBox1.Text="添加成功！";          //添加成功的提示信息放在学号文本框中显示
TextBox2.Text="";
TextBox3.Text=DateTime.Now.ToString("yyyy-MM-dd");
}
```

④ 运行调试程序。

将该页面设置为"起始页"（在解决方案资源管理器中选中 AddStu.aspx 文件,右键菜单中选择"设为起始页"命令）,启用运行。

输入文本后单击"添加"按钮,没有错误,则在 TextBox1 控件中显示"添加成功！",姓名文本框清空,日期文本框中显示当前日期。

⑤ 学习提示。

• 编写代码时要在字符串中获取文本框 TextBox 控件、下拉列表框 DropDownList 控件的属性值,需要在两端加"＋和＋"的界定符。

• DropDownList 控件的常用属性有 SelectedIndex、SelectedItem 和 SelectedValue,分别表示当前所选的索引（序号由 0 开始）、当前所选项（本例中 DropDownList1 的索引 0 的项为男,索引 1 的项为女）、当前所选项的值（本例中项值与项相同）,在添加课程页面中选择授课教师的 DropDownList 的项和项值就不同,详细参考任务 3-4 中的"添加课程页面"代码。

思考：如果输入的学号与数据表中已有的学号重复,能不能添加成功？ 不成功或出错,如何避免这个错误？

提示：要解决这个问题就要使用到查询,查询输入的学号是否与现有数据重复,然后再采取相应措施,通过项目 2-3 的学习后可解决这个问题。

课后练习：仿照本任务,设计并实现添加教师（AddTeacher .aspx）、添加课程（AddCourse.aspx）、添加管理员（AddAdmin .aspx）三个页面。

提示：需新建不同的文件夹,将教师、课程、管理员的页面存放在不同文件夹中。建好后,网站解决方案资源管理器中的目录如图 2-44 所示。

此处将管理员文件夹名设为 User_Admin 是为了将 APP_Code 文件夹放在最上方。详细内容参见本书电子资料。

图 2-44　网站目录组织图

　数据库开发案例教材

任务 2-5 设计并实现"删除学生信息页面"

2.5.1 页面设计

为"学生选课管理系统"网站的 Stu 文件夹中添加 Web 窗体,名为 DeleteStu.aspx,设计页面布局如图 2-45 所示。

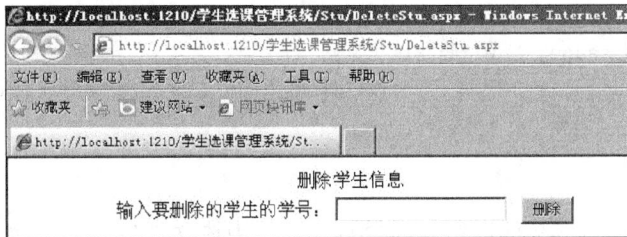

图 2-45 删除页面设计

2.5.2 代码设计

1. 提醒类设计

在任务 2-4 中,信息添加成功后,提示信息显示在文本框中,为了使得提醒信息更明显,设计提醒信息类 WebMessage。

1) 添加类 WebMessage.cs

选中 App_Code 文件夹,在右键菜单中选择"添加新项"命令,选择类,输入类名 WebMessage.cs。

2) 添加静态方法

```
public static void Show(String messagetext)
    {
        HttpContext.Current.Response.Write("<script language='javascript'
        type='text/javascript'>alert('"
            +messagetext  +"')</script>");
        HttpContext.Current.Response.Write("<script>history.go(-1)</script>");
        HttpContext.Current.Response.End();
    }
public static void Show(string Message, string Src)
    {
    HttpContext.Current.Response.Write("<script language='javascript' type=
    'text/javascript'>alert('"+Message+"');location.href='"+Src+"'</script>");
    HttpContext.Current.Response.End();
    }
```

注意：类的静态方法可以不定义类的实例，直接用"类名.方法名（参数）"来调用方法。此时添加了两个同名但参数数量不同的方法，这种方式叫函数重载，调用时根据参数数量的不同自动调用合适的方法。

2. "删除按钮"代码

```
protected void Button1_Click(object sender, EventArgs e)
    {
        ConnSql con=new ConnSql();
        string sqltext="delete student where sno='"+TextBox1 .Text+"'";
        con.RunSql(sqltext);
        WebMessage.Show("删除成功!");
                            //调用提醒类的静态方法,根据参数数量的不同,调用第一个
    }
```

3. 功能测试

将 DeleteStu. aspx 文件设置为"起始页"或选中该文件后右键选择"在浏览器中查看"命令，可以在 IE 浏览器中运行页面并测试，输入学号，单击"删除"按钮，当出现如图 2-46 所示的提示对话框时，表示程序代码无错，然后在数据库中查看 student 表中的该记录是否真正被删除，若已被删除，表明程序功能正确。

图 2-46　删除成功提醒

提示：删除数据时，一定要有一个唯一的参考依据，本任务是根据学号来删除数据，学号具有唯一性。如果根据姓名来删除数据，有可能一次删除多条数据（姓名可以相同）；还有一个有趣的现象就是即使输入的学号在 student 表中不存在，也会提醒"删除成功"，要避免这类情况，需要进行删除前的数据检测，这需用到数据查询的知识，待学习完项目 3 后，可解决该问题。

课后练习：仿照本任务，设计并实现删除教师（DeleteTeacher. aspx）、删除课程（DeleteCourse. aspx）、删除管理员（DeleteAdmin. aspx）三个页面，并将三个窗体分别放在对应的文件夹中。

实验 4　表和表数据的管理

【实验目的】

（1）能够使用图形化方式创建表、修改表、操作表记录。
（2）能够熟练使用 T-SQL 语句创建表、修改表、操作表记录。

【实验要求】

（1）已经学习完任务 2-1～任务 2-3。

（2）完成实验，并将实验步骤记录如实验报告。

（3）已完成实验一，成功创建了数据库 EDUC。

【建议实验学时】

6 学时。

【实验内容】

（1）创建表。

在实验一创建的 EDUC 数据库中建立如表 2-16～表 2-22 所示的表。

表 2-16　stu（学生信息表）

字段名称	类　　型	宽度	允许空值	主键	说　　明
sno	char	8	NOT NULL	是	学号
sname	char	8	NOT NULL		姓名
sex	char	2	NULL		性别
native	char	20	NULL		籍贯
birthday	smalldatetime	4	NULL		出生日期
dno	char	6	NULL		所在院系
zno	char	8	NULL		专业代码(外键)
classno	char	8	NULL		班级号
entime	smalldatetime	4	NULL		入校时间
home	varchar	40	NULL		家庭住址
tel	varchar	40	NULL		联系电话

表 2-17　course（课程信息表）

字段名称	类　　型	宽度	允许空值	主键	说　　明
cno	char	4	NOT NULL	是	课程编号
zno	char	8	NULL		专业代码(外键)
cname	varchar	20	NOT NULL		课程名称
experiment	tinyint	1	NULL		实验时数
lecture	tinyint	1	NULL		授课学时
semester	varchar	20	NULL		开课学期
credit	tinyint	1	NULL		课程学分

表 2-18　stu_course（学生选课成绩表）

字段名称	类型	宽度	允许空值	主键	说明
sno	char	8	NOT NULL	是	学生学号
tcid	smallint	2	NOT NULL	是	上课编号
score	tinyint	1	NULL		成绩

表 2-19 teacher（教师信息表）

字段名称	类 型	宽度	允许空值	主键	说 明
tno	char	8	NOT NULL	是	教师编号
tname	char	8	NOT NULL		教师姓名
sex	char	2	NULL		教师性别
birthday	smalldatetime	4	NULL		教师出生日期
dno	char	6	NULL		教师所在院系
home	varchar	40	NULL		教师家庭住址
tel	varchar	40	NULL		联系电话
email	varchar	40	NULL		电子邮件

表 2-20 teacher_course（教师上课课表）

字段名称	类型	宽度	允许空值	主键	说 明
tcid	smallint	2	NOT NULL	是	上课编号
tno	char	8	NULL		教师编号（外键）
zno	char	8	NULL		专业代码（外键）
classno	char	4	NULL		班级号
cno	char	4	NOT NULL		课程编号（外键）
semester	char	6	NULL		学期
schoolyear	char	10	NULL		学年
classtime	varchar	40	NULL		上课时间
classroom	varchar	40	NULL		上课地点
weektime	tinyint	1	NULL		每周课时数

表 2-21 depar（系部表）

字段名称	类型	宽度	允许空值	主键	说明
dno	char	6	NOT NULL	是	院系编号
dname	char	16	NULL		院系名称

表 2-22 zy（专业表）

字段名称	类型	宽度	允许空值	主键	说明
zno	char	8	NOT NULL	是	专业代码
zname	char	16	NULL		专业名称
dno	char	6	NULL		院系编号

（2）修改表结构。

① 在 course 表中添加一列 year，类型为 int，可为空。

② 为 year 字段添加约束，要求取值在 2008～2015 之间。

③ 将 course 表中的 year 字段删除。

（3）表记录操作。

① 添加记录。分别使用图形化方式和命令方式添加表记录，如表 2-23～表 2-29 所示。

表 2-23 stu 表记录

sno	sname	sex	native	birthday	dno	zno	classno	entime	home	tel
001	赵一	男	安徽合肥	1992-1-6	01	0101	010101	2005-9-1	163 路	1
002	孙二	女	安徽六安	1992-5-4	01	0101	010101	2005-9-1	人民路	2
003	周三	女	上海浦东	1985-11-15	02	0201	020101	2005-9-1	梅山路	3
004	吴思	男	北京海淀	1983-12-01	02	0202	020201	2009-9-1	解放路	4
005	郑五	女	西藏拉萨	1993-4-6	03	0301	030101	2010-9-1	解放路	5
006	王六	男	四川成都	2005-3-8	02	0202	020201	2009-9-1	莲花路	6
007	李寻欢	男	河北保定	2003-1-2	03	0301	030101	2010-9-1	河海路	7
008	小龙女	女	山东济南	1930-4-4	01	0102	010201	2010-9-1	大东路	8
009	杨过	男	山东济南	1945-6-6	02	0202	020201	2009-9-1	青木崖	9
010	风清扬	男	山东济南	1900-3-3	04	0401	040101	2004-9-1	大山路	10
011	岳不群	男	山东济南	1938-3-8	04	0401	040101	2004-9-1	不归路	11

表 2-24 course 表记录

cno	zno	cname	experiment	lecture	semester	credit
01	0101	计算机	30	80	2014 年春	1
02	0101	C 语言	32	80	2014 年秋	2
03	0102	SQL	40	94	2013 年春	3
04	0201	会计	20	52	2015 年春	5
05	0202	物流	30	56	2014 年春	2
06	0301	建筑	32	84	2014 年秋	3
07	0401	制图	32	56	2014 年春	4

表 2-25 stu_course 表记录

sno	tcid	score	sno	tcid	score
001	1	59	002	2	36
002	1	69	003	3	72
003	1	75	011	4	36
004	1	88	010	2	98
001	2	25			

表 2-26 teacher 表记录

tno	tname	sex	birthday	dno	home	tel	email
01001	李白	男		01			
01002	杜甫	男		01			
01003	王安石	男		01			
02001	刘彻	男	请自己做主添加	02	请自己做主添加	请自己做主添加	请自己做主添加
02002	唐明皇	男		02			
03001	刘罗锅	男		03			
03002	和珅	男		03			
04001	西施	女		04			
04002	貂蝉	女		04			

表 2-27 teacher_course 表记录

tcid	tno	spno	classno	cno	semester	schoolyear	classtime	classroom	weektime
1	01001	0101	010101	01					
2	01002	0101	010101	02					
3	01003	0102	020101	03					
4	02001	0201	020201	04					
5	01001	0102	030101	05	请自己做主添加	请自己做主添加	请自己做主添加	请自己做主添加	请自己做主添加
6	03001	0301	020201	06					
7	03002	0301	030101	07					
8	01001	0102	010201	01					
9	04002	0401	020201	02					
10	01001	0101	040101	03					
11	04002	0401	040101	04					

表 2-28 depar 表记录

dno	dname	dno	dname
01	信息工程系	03	机电系
02	经贸系	04	建工系

表 2-29 zy 表记录

spno	zname	dno	spno	zname	dno
0101	软件技术	01	0301	汽车	03
0102	计算机应用	01	0302	计算机辅助	03
0201	会计	02	0401	监理	04
0202	物流	02	0402	造价	04

② 修改记录。

- 把李寻欢的出生日期修改为 1988 年 12 月 15 日。
- 把李白的家庭住址修改为"安徽六安"。
- 把 SQL 课程的学时修改为 36。
- 将 teacher_course 表中 tcid 为 2,tno 为 01002 的记录的 semester 改为春学期,schoolyear 改为 2015。
- 把和绅老师的性别修改为女,系部代码修改为 01。

③ 删除记录。

- 将 stu 表中 sno 为 011 的记录删除。
- 将 zy 表中的"造价"专业删除。

提示：EDUC 数据库中的数据后期将反复使用到,请注意备份,必要时进行还原。

实验 5　数据完整性

【实验目的】

(1) 能够创建合理的约束,使数据库数据满足基本的数据完整性。
(2) 能够熟练创建主键约束、检查约束和外键约束。
(3) 能够创建默认和规则,能实现默认和规则绑定和解除绑定。

【实验要求】

(1) 已学习任务 2-3。
(2) 了解实体完整性、域完整性、参照完整性的基本要求。
(3) 了解主键约束、唯一键约束、检查约束、外键约束的使用。

【建议实验学时】

4 学时。

【实验内容】

(1) 在 EDUC 数据库中使用 T-SQL 语句创建表 grade,属性如表 2-30 所示。

表 2-30　grade

字段名	说明	数据类型	字节数	允许空	约　　　束	备注
sno	学号	char	7	否		主键
cno	课程号	char	3	否		主键
pscj	平时成绩	decimal	5,1		不小于 0 且不大于 20	
sjcj	实践成绩	decimal	5,1		不小于 0 且不大于 30	
qmcj	期末成绩	decimal	5,1		不小于 0 且不大于 50	
zp	总评	由平时成绩(20%)、实践成绩(30%)和期末成绩(50%)计算而来				

提示:可以在创建表的同时创建约束,也可以选择先建立表,再建立约束;zp 字段并非用约束实现,而是一个计算字段,字段说明为 zp as pscj * 0.2+sjcj * 0.3+qmcj * 0.5。

(2) 使用 T-SQL 语句修改表的结构。

为 grade 添加入学时间 rxsj 字段 datetime 类型,并为它添加约束,名为 aa,定义入学时间不小于 2008 年 9 月 1 日。

（3）默认值对象的创建与使用。

① 使用图形化的方式创建名为 sno1 的默认值对象，值为 08001，把它绑定到 grade 表的字段 sno 上，然后再解除默认值的绑定。

② 使用 T-SQL 语句创建名为 DF_GRADE 的默认值对象，值为 0。

③ 使用 T-SQL 语句将 DF_GRADE 绑定到成绩表 grade 中的 pscj、sjcj 和 qmcj 字段上。

④ 使用 sp_unbindefault 存储过程将 DF_GRADE 从 pscj、sjcj 和 qmcj 字段上解除。

⑤ 删除 DF_GRADE 默认值对象。

（4）规则对象的创建与使用。

① 创建规则 ru_grade，设置值在 0～100 之间。

② 将规则 ru_grade 绑定到 pscj、sjcj 和 qmcj 字段上。

③ 解除 pscj、sjcj 和 qmcj 字段上的规则绑定。

④ 删除 ru_grade 规则。

（5）外键约束的建立。

为 EDUC 数据库中除 grade 表外的另外 7 张数据表（stu，course，stu_course，teacher，teacher_course，depar，zy）建立适当的数据关联，并设置他们之间的参照完整性。

（6）在 READBOOK 数据库中创建如表 2-31～表 2-33 所示数据表。

表 2-31　图书

字段名	数据类型	宽度	说明	字段名	数据类型	宽度	说明
编号	CHAR	6	主键	作者	CHAR	10	不空
分类号	CHAR	8	不空	出版单位	CHAR	16	不空
书名	CHAR	16	不空	单价	INT	4	不空

表 2-32　读者

字段名	数据类型	宽度	说明	字段名	数据类型	宽度	说明
借书证号	CHAR	4	主键	性别	CHAR	2	允许空
单位	CHAR	10	不空	职称	CHAR	6	允许空
姓名	CHAR	6	允许空	地址	CHAR	16	允许空

表 2-33　借阅

字段名	数据类型	宽度	说明	字段名	数据类型	宽度	说明
借书证号	CHAR	4	主键	借书日期	DATETIME	8	不空
编号	CHAR	6	主键				

（7）为读者表中的性别字段添加检查约束，设置只能取"男"或"女"，约束名自定。（SQL 语句填写在实验报告上）。

（8）为单价字段添加约束，设置其取值范围在 0～2000 之间，约束名自定。（SQL 语句填写在实验报告上）。

（9）删除分类号字段（SQL 语句填写在实验报告上）。

（10）为图书、读者、借阅表分别添加如表 2-34～表 2-36 所示的记录。

表 2-34 图书

编号	书 名	作者	出版单位	单价
080001	C 语言程序设计	谭浩强	清华大学	36
080002	数据结构	严蔚敏	清华大学	40
080003	Phtoshop 设计	李佳	合肥工业大学	30
080004	SQL Server 2005	蒙娜丽莎	钢铁邮电	25

表 2-35 读者

借书证号	单位	姓名	性别	职称	地址
0001	信息工程	Lucy	女	副教授	东区
0002	信息工程	Lily	女	讲师	西区
0003	建筑工程	Jim	男	副教授	北区
0004	经济贸易	Sam	男	讲师	东区

表 2-36 借阅

借书证号	编号	借书日期	借书证号	编号	借书日期
0001	080001	2008-10-10	0003	080002	2008-11-2
0001	080002	2008-10-20	0002	080002	2008-10-8
0002	080003	2008-10-30			

项目 **3** 查询"学生选课管理系统"中的数据

【能力要求】

- 能够使用语句完成单表、多表数据的查询；
- 对于各种查询任务,能够用分组、集合函数等查询选项来实现；
- 能够结合查询技术完成修改信息页面的代码书写；
- 能够根据登录流程,结合查询完成登录页面代码的书写；
- 能够设计必要的存储过程、触发器和函数。

【任务分解】

- 任务 3-1　单表查询和多表查询。
- 任务 3-2　子查询和分组查询。
- 任务 3-3　使用视图。
- 任务 3-4　设计并实现"修改学生基本信息页面"。
- 任务 3-5　设计并实现"管理员用户登录页面"。
- 任务 3-6　存储过程设计。

【教学重难点】

- 单表查询和多表查询；
- 子查询和分组查询；
- 查询在修改信息页面和登录页面中的应用。

【自主学习内容】

设计"邮箱应用系统"的"用户登录"页面,编写代码实现登录功能,登录后页面转向主页面。

任务 3-1　单表查询和多表查询

3.1.1　查询语句的命令格式

SELECT [TOP N [PERCENT]]<字段列表>[INTO 表名] FROM<表名/视图名列表>[WHERE 条件表达式][ORDER BY 字段名 1[ASC|DESC][,字段名 2 [ASC|DESC][,…]]][GROUP BY 字段名列表[HAVING 条件]]

各关键字的含义和作用参照 3.1.2 节的例题。

3.1.2　查询数据介绍

本项目的查询任务基于 StuCourseManage 数据库中的表,记录如表 3-1～表 3-4 所示。

表 3-1　teacher 表结构及数据

	tno	tname	sex
1	2001001	王克川	0
2	2001002	刘梦颖	1
3	2001003	王成昌	0
4	2001004	成思勤	1
5	2001005	刘琴	1
6	2001006	薛春	0

表 3-2　student 表结构及数据

	sno	sname	sex	birthday
1	2012001	薛若涵	0	1992-01-01 00:00:00.000
2	2012002	彭佳乐	0	1998-04-05 00:00:00.000
3	2012003	范一帅	0	1995-04-09 00:00:00.000
4	2012004	杨一凡	0	1992-01-01 00:00:00.000
5	2012005	薛若涵	1	1998-08-07 00:00:00.000
6	2012006	胡梓昕	1	1992-01-01 00:00:00.000
7	2012007	贺欣雅	1	1992-01-01 00:00:00.000

表 3-3　course 表结构及数据

	cno	cname	tno	xs	skdd
1	0001	网络数据库案例	2001001	98	信息楼102
2	0002	网页设计	2001002	70	信息楼103
3	0003	C语言	2001001	66	信息楼104
4	0004	面向对象	2001005	80	实训中心406
5	0005	路由与交换技术	2001006	120	网络实验室

表 3-4　stu_course 表结构及数据

	sno	cno	score
1	2012001	0001	80
2	2012001	0002	85
3	2012001	0003	96
4	2012002	0001	93
5	2012002	0002	45
6	2012002	0004	65
7	2012005	0001	75
8	2012005	0002	68
9	2012005	0004	72
10	2012007	0001	NULL

注意:数据查询与表数据无关,只与表结构有关,关键要明确所查询的数据可以从哪些表找到。另外,还要注意的是数据表之间的关联,这在多表查询的连接条件设置时非常关键。有关数据表间的联系,请参考任务 2-3 中的外键约束。

3.1.3 单表查询

单表查询是指查询数据可以从一张表得到,语法上体现为 FROM 关键字后的表名列表只有一个,是数据查询中最简单的。

1. 查询语句的最简格式

SELECT<字段列表>FROM<表名/视图名列表> [WHERE 条件表达式]

2. 示例

1)查询部分字段(列出字段名即可,顺序可以调换)

SELECT sno,sname FROM student

该语句的执行结果如图 3-1 所示,因没有 WHERE 关键字,所以显示 student 表中所有记录的 sno 和 sname 值。查询时字段列表的字段顺序可以和表中的物理顺序不一致。

2)查询表中全部字段(*)

SELECT * FROM course

将 student 表中的所有字段按照物理顺序列出来,与表 3-2 结果一样。

3)设置字段别名

字段的别名仅在查询结果中有效,并不改变真实字段名,设置别名的方法有:

- 字段名 [AS] 别名
- 别名＝字段名

SELECT 姓名=sname,sno AS 学号, sex 性别 FROM student

查询结果如图 3-2 所示,列名显示为汉字“姓名”、“学号”和“性别”。

4)查询经过计算的值

有些查询信息不一定能够直接从表中查询到,可能需要计算,如“查询所有学生的姓名和年龄”,年龄没有在数据表中直接给出,但给出了出生日期,年龄可以通过出生日期计算。

SELECT sname 姓名,YEAR (GETDATE ())-YEAR (birthday) 年龄 FROM student

查询结果如图 3-3 所示。

	sno	sname
1	2012001	薛若涵
2	2012002	彭佳乐
3	2012003	范一帅
4	2012004	杨一凡
5	2012005	薛若涵
6	2012006	胡梓昕
7	2012007	贺欣雅

图 3-1 部分字段查询结果

	姓名	学号	性别
1	薛若涵	2012001	0
2	彭佳乐	2012002	0
3	范一帅	2012003	0
4	杨一凡	2012004	0
5	薛若涵	2012005	1
6	胡梓昕	2012006	1
7	贺欣雅	2012007	1

图 3-2 设置别名查询结果

	姓名	年龄
1	薛若涵	21
2	彭佳乐	15
3	范一帅	18
4	杨一凡	21
5	薛若涵	15
6	胡梓昕	21
7	贺欣雅	21

图 3-3 计算值查询结果

数据库开发案例教材

5）去除重复值（DISTINCT）

```
SELECT sno FROM stu_course
SELECT distinct sno FROM stu_course
```

查询结果如图 3-4 所示。

6）返回部分查询结果（TOP n | TOP n PERCENT）

SQL Server 中必须将 TOP 关键字放在 SELECT 关键字之后，字段名列表之前。

```
SELECT top 2 sno,sname FROM student
SELECT top 2 PERCENT sno,sname FROM student
```

查询结果如图 3-5 所示。

	sno
1	2012001
2	2012001
3	2012001
4	2012002
5	2012002
6	2012002
7	2012005
8	2012005
9	2012005
10	2012007

	sno
1	2012001
2	2012002
3	2012005
4	2012007

图 3-4　去除重复前后比较

	sno	sname
1	2012001	薛若涵
2	2012002	彭佳乐

	sno	sname
1	2012001	薛若涵

图 3-5　TOP 关键字查询结果

7）保存查询结果到数据表（INTO 表名）

SQL Server 中必须将 INTO 关键字放在字段名列表之后，FROM 关键字之前。

```
SELECT * INTO student_new FROM student WHERE sex=1
```

功能说明：将 student 表中 sex 为 1 的学生信息保存在 student_new 表中。

```
SELECT sno,sname INTO #stu1 FROM student WHERE sex=0
```

功能说明：将 student 表中 sex 为 0 的学生的信息保存在临时表 #stu1 表中，#stu1 表只包含 sno 和 sname 两个字段。

提示：临时表存储在系统数据库 tempdb 的临时表中，当服务器重启后，所有的临时表将被自动清除，临时表另一个特点是可以被所有数据库共享，因此要临时共享数据表的话，可以将数据表保存为临时表。

8）对查询结果进行排序（ORDER BY 字段名|序号）

如果无 WHERE 关键字，ORDER BY 关键字放在 FROM 关键字之后，有 WHERE 关键字，则放在 WHERE 关键字之后，排序有升序和降序，默认为升序，也可加关键字 ASC，降序加关键字 DESC。

```
SELECT * FROM student ORDER BY birthday
```

功能说明：查询 student 表中的所有信息，记录按 birthday 升序排序。

```
SELECT * FROM student ORDER BY birthday DESC
```

功能说明：查询 student 表中的所有信息，按 birthday 降序排序。

```
SELECT * FROM stu_course ORDER BY score DESC,sno
```

功能说明：查询 stu_course 表中的所有信息，先按 score 降序排序，score 相同按 sno 升序排序。

```
SELECT tno,tname FROM teacher ORDER BY 2
```

功能说明：查询教师的 tno、tname 信息，按照第 2 个字段(tname)升序排序。

9）WHERE 条件

查询无 WHERE 子句会将所有结果查询出来，有则显示符合条件的数据。条件表达常用的运算符如表 3-5 所示。

表 3-5　条件表达式中常用运算符

类别	运　算　符	类别	运　算　符
关系运算	＝、＞、＜、＞＝、＜＝、＜＞、!＝	模糊运算	LIKE
逻辑运算	AND、OR、NOT	空值运算	IS [NOT] NULL
集合运算	IN、NOT IN、ANY、ALL	范围运算	BETWEEN AND

```
SELECT * FROM student WHERE sex<>1
```

功能说明：查询 student 表中 sex 不是 1 的记录，＜＞可以用!＝代替。

```
SELECT * FROM student WHERE birthday BETWEEN '1991-1-1' AND '1998-1-1'
```

功能说明：查询 student 表中 birthday 在'1991-1-1'～'1998-1-1'之间的数据，条件等价于"birthday＞＝'1991-1-1' and birthday ＜＝ '1998-1-1'"。

```
SELECT * FROM stu_course WHERE score IS NULL
```

功能说明：查询 stu_course 表中 score 为空的数据。

```
SELECT * FROM stu_course WHERE cno IN('0001','0002','0003')
```

功能说明：查询 stu_course 表中 cno 为 0001 或 0002 或 0003 的数据，条件等价于"cno＝'0001' or cno＝'0002' or cno＝'0003'"。

模糊查询（LIKE）的通配符如表 3-6 所示。

表 3-6　LIKE 关键字中的通配符

通配符	含　　义	通配符	含　　义
％	表示若干个任意字符	[]	表示方括号里列出的任意一个字符
_	表示单个任意字符	[^]	任意一个没有在方括号里列出的字符

```
SELECT sno,sname FROM student WHERE sname LIKE '薛%'
```

功能说明：查询 student 表中姓薛的学生的信息，条件等价于"SUBSTRING (sname,1,1)＝'薛'"。

```
SELECT sno,sname FROM student WHERE sname LIKE '%薛%'
```

功能说明：查询 student 表 sname 中含有"薛"字的数据。

```
SELECT sno,sname FROM student WHERE sname LIKE '_薛%'
```

功能说明：查询 student 表 sname 中第二个字是"薛"字的数据。

```
SELECT sno,sname FROM student WHERE sname LIKE '_薛_'
```

功能说明：查询 student 表 sname 中有三个字且第二个字是"薛"字的数据。

```
SELECT sno,sname FROM student WHERE sname LIKE '[薛,彭,杨]%'
```

功能说明：查询 student 表中姓薛或姓彭或姓杨的学生的信息。

```
SELECT sno,sname FROM student WHERE sname LIKE '[^薛,彭,杨]%'
```

功能说明：查询 student 表中不姓"薛"不姓"彭"不姓"杨"的学生的信息。

10）集合函数的统计功能

常用集合函数如表 3-7 所示。

表 3-7　常用集合函数

函数	功　　能	函数	功　　能
SUM()	求数值型字段的和	MAX()	求最大
AVG()	求数值型字段的平均	MIN()	求最小
COUNT()	统计数量（行数）		

```
SELECT sum(score),AVG(score),MAX(score),MIN(score),COUNT(*) FROM stu_course
```

功能说明：查询 stu_course 数据表中的 score 的和、平均、最高分、最低分和记录条数，结果如图 3-6 所示。

```
SELECT MAX(sname),MIN(sname) from student
```

功能说明：字符类按照字母顺序，结果如图 3-7 所示。

	无列名	无列名	无列名	无列名	无列名
1	679	75.4444444444444	96	45	10

	无列名	无列名
1	杨一凡	范一帅

图 3-6　集合函数查询结果　　　　图 3-7　sname 字段的 MAX 和 MIN

3.1.4　多表查询

当 FROM 关键字后的表名多于 1 个时称为多表查询，是数据库中最主要的查询类型，多表查询为了保证数据的准确性应带连接条件，连接条件有内连接、左连接、右连接和完全连接。

1. 最简单的内连接条件表示

1）查询“彭佳乐”同学所选课程的分数

分析：分数(score)只有 stu_course 表有，“彭佳乐”是 sname 只有 student 表有，因此这两张表都必须放在 from 关键字后。

```
SELECT score FROM student,stu_course WHERE sname='彭佳乐'
```

查询结果如图 3-8(a)所示，显然过多，这属于无连接的结果，带上简单的连接条件，语句如下。

```
SELECT score FROM student,stu_course
WHERE sname='彭佳乐' AND student.sno=
stu_course.sno
```

student 表和 stu_course 有一个相同意义的字段 sno，直接在查询条件后加上“AND student. sno=stu_course. sno”，即可查询到正确的结果，如图 3-8(b)所示。

	score
1	80
2	85
3	96
4	93
5	45
6	65
7	75
8	68
9	72
10	NULL

(a) 不带连接条件的结果

	score
1	93
2	45
3	65

(b)带连接条件的结果

图 3-8　查询结果

注意：查询若涉及多张表，为了查询的正确性，一定要带上连接条件。一般情况下，两张表至少要有一个连接条件，三张表至少要有两个连接条件，表数量越多，则连接条件越多。

2）查询学生的姓名及所选课程的课程名和分数

```
SELECT sname,cname,score FROM student ,stu_course ,course WHERE student .sno=
stu_course .sno AND course .cno=stu_course .cno
```

查询结果如图 3-9 所示。

注意：如果要查询数据仅来自 student 表和 course 表，stu_course 表也一定要带上，因为 student 表和 course 表没有直接相关联的字段，它们通过 stu_course 表实现了多对多联系，是 Student 表和 Course 表的媒介。

3）查询学生的姓名及所选课程课程名、分数和教师姓名

```
SELECT sname,cname,score,tname FROM student ,stu_course ,course ,teacher WHERE
student .sno=stu_course .sno AND course .cno=stu_course .cno AND teacher .tno=
course .tno
```

查询结果如图 3-10 所示。

	sname	cname	score
1	薛若涵	网络数据库案例	80
2	薛若涵	网页设计	85
3	薛若涵	C语言	96
4	彭佳乐	网络数据库案例	93
5	彭佳乐	网页设计	45
6	彭佳乐	面向对象	65
7	薛若涵	网络数据库案例	75
8	薛若涵	网页设计	68
9	薛若涵	面向对象	72
10	贺欣雅	网络数据库案例	NULL

图 3-9　三张表查询结果

	sname	cname	score	tname
1	薛若涵	网络数据库案例	80	王克川
2	薛若涵	网页设计	85	刘梦颖
3	薛若涵	C语言	96	王克川
4	彭佳乐	网络数据库案例	93	王克川
5	彭佳乐	网页设计	45	刘梦颖
6	彭佳乐	面向对象	65	刘琴
7	薛若涵	网络数据库案例	75	王克川
8	薛若涵	网页设计	68	刘梦颖
9	薛若涵	面向对象	72	刘琴
10	贺欣雅	网络数据库案例	NULL	王克川

图 3-10　4 张表查询结果

2. 内连接

内连接(Inner Join)与上述所说的连接条件查询结果一样,均将表中有等价关系的数据显示出来。上面三题可以分别用如下三条内连接的条件表示实现。

①

```
SELECT score FROM student INNER JOIN stu_course ON student .sno=stu_course .sno
WHERE sname='彭佳乐'
```

②

```
SELECT sname,cname,score FROM student INNER JOIN stu_course  on student.sno=
stu_course .sno INNER JOIN   course ON stu_course .cno=course .cno
```

③

```
SELECT sname,cname,score,tname FROM student INNER JOIN stu_course ON student
.sno=stu_course .sno INNER JOIN course ON stu_course.cno=course.cno INNER JOIN
teacher ON teacher.tno=course.tno
```

3. 左连接

左连接(Left Join)也叫左外连接,有左表和右表之分。该连接条件会将左表中的数据全部显示出来,左表记录在右表中有对应值就显示出来,没有对应值会显示为 NULL。

```
SELECT * FROM student LEFT OUTER JOIN stu_course ON student .sno=stu_course .sno
```

结果如图 3-11 所示,student 为左表,stu_course 为右表,outer 关键字可以省略。

	sno	sname	sex	birthday	sno	cno	score
1	2012001	薛若涵	0	1992-01-01 00:00:00.000	2012001	0001	80
2	2012001	薛若涵	0	1992-01-01 00:00:00.000	2012001	0002	85
3	2012001	薛若涵	0	1992-01-01 00:00:00.000	2012001	0003	96
4	2012002	彭佳乐	0	1998-04-05 00:00:00.000	2012002	0001	93
5	2012002	彭佳乐	0	1998-04-05 00:00:00.000	2012002	0002	45
6	2012002	彭佳乐	0	1998-04-05 00:00:00.000	2012002	0004	65
7	2012003	范一帅	0	1995-04-09 00:00:00.000	NULL	NULL	NULL
8	2012004	杨一凡	0	1992-01-01 00:00:00.000	NULL	NULL	NULL
9	2012005	薛若涵	1	1998-08-07 00:00:00.000	2012005	0001	75
10	2012005	薛若涵	1	1998-08-07 00:00:00.000	2012005	0002	68
11	2012005	薛若涵	1	1998-08-07 00:00:00.000	2012005	0004	72
12	2012006	胡梓忻	1	1992-01-01 00:00:00.000	NULL	NULL	NULL
13	2012007	贺欣雅	1	1992-01-01 00:00:00.000	2012007	0001	NULL

图 3-11   student 表和 stu_course 表左外连接

4. 右连接

右连接(Right Join)和左连接相似,只是将右表结果全部显示,左表与右表对应的值显示出来,无对应值以 NULL 显示,关键字为 RIGHT〔OUTER〕JOIN。

```
SELECT * FROM stu_course RIGHT JOIN student ON student .sno=stu_course .sno
```

查询结果与上述左连接结果一样。

5. 完全连接

完全连接(Full Join)是左连接与右连接的综合,会将左表、右表的数据全部显示,有对应的就显示,无对应的以 NULL 填充,关键字为 FULL [OUTER] JOIN。

SELECT * FROM teacher　FULL OUTER JOIN course ON teacher .tno=course .tno

查询结果如图 3-12 所示。

	tno	tname	sex	cno	cname	tno	xs	skdd
1	2001001	王克川	0	0001	网络数据库案例	2001001	98	信息楼102
2	2001001	王克川	0	0003	C语言	2001001	66	信息楼104
3	2001002	刘梦颖	1	0002	网页设计	2001002	70	信息楼103
4	2001003	王成昌	0	NULL	NULL	NULL	NULL	NULL
5	2001004	成思勤	1	NULL	NULL	NULL	NULL	NULL
6	2001005	刘琴	1	0004	面向对象	2001005	80	实训中心406
7	2001006	薛春	0	0005	路由与交换技术	2001006	120	网络实验室

图 3-12　teacher 表和 course 表完全连接结果

因 course 表中的 tno 全部能在 teacher 中能找到对应的,所以此时的 full join 与 left join 的查询结果一样。

6. 交叉连接

交叉连接(Cross Join)也叫无连接,查询结果是表中数据的所有组合可能。

SELECT * FROM teacher CROSS JOIN course

等价于

SELECT * FROM teacher , course

因 course 表有 5 条记录,teacher 表有 6 条记录,其所有组合可能记录数为 $5×6=30$ 条记录,故无连接的查询结果有 30 条记录。

7. 自连接

自连接是指同一张表内进行的连接,此时要为表取别名。

例如,查询和"彭佳乐"性别相同且出生日期在 1993 年之后的学生信息。

SELECT B.* FROM student A,student B WHERE A.sname='彭佳乐' AND B.birthday>
'1993-12-31' AND A.sex=B.sex AND B.sname<>'彭佳乐'

注意:此时 student 表分别取别名 A、B,WHERE 关键字后的 A、B 不能用反了,否则查询结果不正确,查询结果如图 3-13 所示。

	sno	sname	sex	birthday
1	2012003	范一帅	0	1995-04-09 00:00:00.000

图 3-13　自连接查询结果

上述查询也可通过子查询实现,语句如下。

SELECT * FROM student WHERE birthday>'1993-12-31' and sex= (SELECT sex FROM
student WHERE sname='彭佳乐') AND sname<>'彭佳乐'

子查询将在任务 3-2 中详细介绍。

8. 合并多个查询结果

合并多个查询结果也叫联合查询(UNION[ALL]),可以将两个及以上的查询结果集合并成一个结果集。

```
SELECT sno,sname FROM student
UNION
SELECT tno,tname FROM teacher
```

查询结果如图 3-14(a)所示。

注意:仅将查询结果集顺序合并;每个查询结果集中的字段数、数据类型要相同,宽度不同时以最宽的字段宽度输出结果;结果集中的字段名来自第一个 SELECT 语句;最后一个 SELECT 语句可以带 ORDER BY 子句,对整个查询结果起作用,但只可用第一个

	sno	sname
1	2012001	薛若涵
2	2012002	彭佳乐
3	2012003	范一帅
4	2012004	杨一凡
5	2012005	薛若涵
6	2012006	胡梓昕
7	2012007	贺欣雅
8	2001001	王克川
9	2001002	刘梦颖
10	2001003	王成昌
11	2001004	成思勤
12	2001005	刘琴
13	2001006	薛春

	sno	sname
1	0001	网络数据库案例
2	0002	网页设计
3	0003	C语言
4	0004	面向对象
5	0005	路由与交换技术
6	2012001	薛若涵
7	2012002	彭佳乐
8	2012003	范一帅
9	2012004	杨一凡
10	2012005	薛若涵
11	2012006	胡梓昕
12	2012007	贺欣雅

(a) 合并结果   (b) 对合并结果排序

图 3-14 查询结果

SELECT 子句中的字段为排序关键字;不带 ALL 关键字会将结果集中重复值只保留一个,有 ALL 关键字会保留所有结果。

```
SELECT sno,sname FROM student
UNION ALL
SELECT cno,cname FROM course ORDER BY sno
```

查询结果如图 3-14(b)所示。

三个表的联合查询语句如下。

```
SELECT sno,sname FROM student
union all
SELECT cno,cname FROM course
union
SELECT tno,tname FROM teacher ORDER BY sno
```

3.1.5 使用查询向表添加记录

1. 语法格式

INSERT 表名 [(字段名列表)] SELECT 字段名列表 FROM 表名列表 WHERE 条件

2. 示例

SELECT * INTO stu FROM student WHERE 2>3

功能说明:生成一个新表 stu,其结构与 student 表一样,但记录为空,因为条件 2>3 为 False。

INSERT stu select * FROM student WHERE sex=1

功能说明：将 student 表中 sex 为 1 的记录添加到 stu 表中。

	sno	sname	sex	birthday
1	2012005	薛若涵	1	1998-08-07 00:00:00.000
2	2012006	胡梓昕	1	1992-01-01 00:00:00.000
3	2012007	贺欣雅	1	1992-01-01 00:00:00.000
4	2012001	薛若涵	0	NULL
5	2012002	彭佳乐	0	NULL
6	2012003	范一帅	0	NULL
7	2012004	杨一凡	0	NULL

INSERT stu(sno,sex,sname) SELECT sno,
sex ,sname FROM student WHERE SEX=0

功能说明：将 student 表中 sex 为 0 的记录添加到 stu 表中，只需要 sno,sex 和 sanme 的值。

图 3-15　stu 表记录

经过上述过程，stu 表记录如图 3-15 所示。

任务 3-2　子查询和分组查询

3.2.1　子查询

1. 引入问题

从任务 3-1 的 4 张表中"找出没有选课的学生的姓名、性别"。

分析：学生没选课的特点是在 student 表有该学生的学号，而在 stu_course 表中没有。

2. 嵌套子查询基本语法格式

当一个查询作为另一个查询的条件时，称为子查询，常见子查询的格式如下。

SELECT 字段名列表 FROM 表名列表 WHERE 字段名 IN|NOT IN|关系表达式 ANY|关系表达式 ALL
(SELECT 字段名 FROM 表名列表 WHERE 条件表达式)

注意：圆括号内的 SELECT 块可称为内查询或子查询，圆括号外的查询叫父查询或外层查询，父查询与子查询通过 WHERE 后的字段名相关联，通常子查询的字段名列表只有一个，且与父查询中的字段名含义相同。

3. 解决问题

SELECT sname,sex FROM student WHERE sno NOT IN(SELECT sno FROM stu_course)

查询结果如图 3-16 所示。

同类问题：查询没有学生选修的课程信息，即 cno 在 course 表中而 stu_course 表中没有。

SELECT * FROM course WHERE cno NOT IN(SELECT cno FROM stu_course)

查询结果如图 3-17 所示。

	sname	sex
1	范一帅	0
2	杨一凡	0
3	胡梓昕	1

图 3-16　没有选课的学生的姓名、性别

	cno	cname	tno	xs	skdd
1	0005	路由与交换技术	2001006	120	网络实验室

图 3-17　没有学生选的课程信息

　———————————— 数据库开发案例教材

例如：

SELECT * FROM student WHERE birthday> (SELECT birthday FROM student WHERE sname=
'彭佳乐')

功能说明：查询 birthday 比彭佳乐 birthday 大的学生的信息，结果集中没有彭佳乐
的数据，如果条件将"＞"改成"＞＝"，则结果集中有彭佳乐的数据。

SELECT * FROM student WHERE birthday> (SELECT birthday FROM student WHERE sname=
'薛若涵')

功能说明：语句出错，因为 student 表中有两个"薛若涵"，即子查询的结果不止一个，
当子查询结果不止一个时，＞不知与哪个进行比较，此时可加上 ALL 或 ANY 关键字。

SELECT * FROM student WHERE birthday>ANY(SELECT birthday FROM student WHERE sname=
'薛若涵')

功能说明：ANY 表示只要比子查询中的任意一个大即可，即比最小值大条件即成
立，根据任务 3-1 中的数据应有三条记录；ALL 表示要比结果集中所有的结果都大，即比
最大的值大，因此将上述语句的 ANY 换成 ALL 后，结果集为 0。

SELECT * FROM student WHERE sex=1 AND birthday > (SELECT birthday FROM student
WHERE sname='彭佳乐')

功能说明：查询 student 表中 sex 为 1 且 birthday 比彭佳乐大的学生信息。

几乎所有的内连接查询都可以用子查询实现。例如：

SELECT DISTINCT student.* FROM student INNER JOIN stu_course ON student.sno=
stu_course.sno

等价于

SELECT * FROM student WHERE sno IN(SELECT sno FROM stu_course)

注意：前一个查询要去除重复值，否则结果与后一个语句不同。

4. 相关子查询

相关子查询是指在子查询的条件中引用了父查询表中的字段值。相关子查询与前面的
嵌套子查询执行顺序不同，嵌套子查询先执行子查询，然后将子查询作为父查询的条件；相
关子查询是以父查询中的行为单位，首先选取父查询中的第一行，然后子查询利用此行中的
相关字段值进行查询，父查询根据子查询返回的结果，判断此行是否满足条件，满足就记录
在结果集中，不存在就抛弃，然后继续父查询中的下一行，直到父查询中的行都判断完为止。

1）查询没有选修 0001 课程的学生的姓名和性别

嵌套子查询实现语句如下：

SELECT sname,sex FROM student WHERE sno NOT IN(SELECT sno FROM stu_course
WHERE cno!='0001')

相关子查询实现语句如下：

```
SELECT sname,sex FROM student WHERE   NOT EXISTS(SELECT sno FROM stu_course
WHERE student.sno=stu_course.sno AND cno!='0001')
```

注意：相关子查询中的查询字段列表可以用"*"，而嵌套子查询不可以。

2）查询所有选课学生的姓名和性别

```
SELECT sno,sname,sex FROM student WHERE   EXISTS(SELECT * FROM stu_course WHERE
student .sno=stu_course .sno)
```

结果如图 3-18(a)所示。

```
SELECT sno,sname,sex FROM student WHERE NOT EXISTS(SELECT * FROM stu_course WHERE
student .sno=stu_course .sno)
```

加上 not 关键字是将未选课学生的信息检索出来,结果如图 3-18(b)所示。

	sno	sname	sex
1	2012001	薛若涵	0
2	2012002	彭佳乐	0
3	2012005	薛若涵	1
4	2012007	贺欣雅	1

(a) 选择结果

	sno	sname	sex
1	2012003	范一帅	0
2	2012004	杨一凡	0
3	2012006	胡梓昕	1

(b) 未选择结果

图 3-18   查询的不同结果

	[无列名]
1	87

图 3-19   2012001 同学的平均分

3.2.2   分组查询

1. 引入问题

（1）查询 2012001 同学的平均分,语句如下：

```
SELECT AVG(score) FROM stu_course WHERE sno='2012001'
```

查询结果如图 3-19 所示。

（2）查询每个同学的平均分。

（1）中是查询指定学生的平均分,如果要把每个同学的平均分都计算出来,需要按照学号的不同分别计算,此时要用到分组。

2. 分组关键字 GROUP BY

语法格式：

```
GROUP BY 字段或计算字段 [HAVING 条件]
```

功能：按照字段分割表中数据,将值相同的分成一组。GROUP BY 关键字要放置在 WHERE 关键字之后。

3. 解决问题

（1）查询每个同学的平均分,语句如下：

```
SELECT sno,AVG(score) AS 平均分 FROM stu_course GROUP BY sno
```

———— 数据库开发案例教材

查询结果如图 3-20 所示。

如果要查询学生的 sno,sname,sex,平均分,则要使用如下语句。

```
SELECT sno,sname,sex,(SELECT AVG(score) FROM stu_course WHERE sno=student .sno)
AS 平均分 FROM student
```

查询结果如图 3-21 所示,未选课学生的平均分为空。

	sno	平均分
1	2012001	87
2	2012002	67.6666666666667
3	2012005	71.6666666666667
4	2012007	NULL

图 3-20 计算每个学生平均分

	sno	sname	sex	平均分
1	2012001	薛若涵	0	87
2	2012002	彭佳乐	0	67.6666666666667
3	2012003	范一帅	0	NULL
4	2012004	杨一凡	0	NULL
5	2012005	薛若涵	1	71.6666666666667
6	2012006	胡梓昕	1	NULL
7	2012007	贺欣雅	1	NULL

图 3-21 学生基本信息及平均分

同类问题：查询每个教师的基本信息和选课人数,语句如下。

```
SELECT teacher.*,course .cno,course .cname ,选课人数=(SELECT COUNT(*) FROM stu
_course WHERE teacher .tno=course .tno AND course .cno=stu_course .cno) FROM
course INNER JOIN teacher on course.tno=teacher .tno
```

有教师承担多门课程,选修人数要分开统计,结果如图 3-22 所示。

(2) 显示选修门数在两门以上的学生的学号和选修门数。

对分组后结果进行条件筛选,不能使用 WHERE 条件,可用 HAVING 关键字,语句如下：

```
SELECT sno, count(sno)AS 选修门数 FROM stu_course GROUP BY sno HAVING COUNT(sno)>=2
```

结果如图 3-23 所示。

	tno	tname	sex	cno	cname	选课人数
1	2001001	王克川	0	0001	网络数据库案例	4
2	2001002	刘梦颖	1	0002	网页设计	3
3	2001001	王克川	0	0003	C语言	1
4	2001005	刘琴	1	0004	面向对象	2
5	2001006	薛春	0	0005	路由与交换技术	0

图 3-22 教师基本信息及选课人数

	sno	选修门数
1	2012001	3
2	2012002	3
3	2012005	3

图 3-23 学号及对应选修门数

任务 3-3 使 用 视 图

3.3.1 视图概念

视图是基于一个或多个基本数据表而生成的一个虚拟表,视图可以看成是基本表的查询结果。视图中仅存储了视图的定义,没有存储实际数据,数据存储在基本表中。

使用视图可以较好地保护基本数据表,SQL Server 在默认情况下,允许通过视图中的数据操纵(增、删、改操作)影响基本表中的数据。

3.3.2　创建视图

1. 图形化方式

在"对象资源管理器"中选中数据库,展开数据库后选择"视图"项,在右键菜单中选择"新建视图"命令,如图 3-24 所示。

弹出"添加表"对话框,添加 student、stu_course 表,添加成功后也可以在视图设计器中删除已添加的表(不会真正删除基本表),也可以为视图增加表,项目 2 中已经为 stu_course 表设置好了外键约束,所以可以看到两张表间的连接线,在视图设计器中选中 student 表视图中的"所有列"复选框,选中 stu_course 表的 score 字段前的复选框,排序类型选降序,如图 3-25 所示。保存视图为 View_stu。

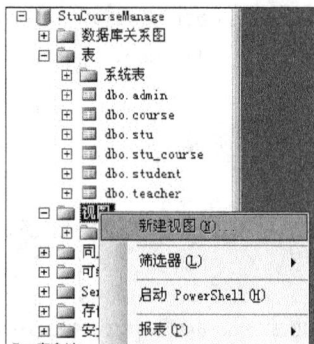

图 3-24　新建视图

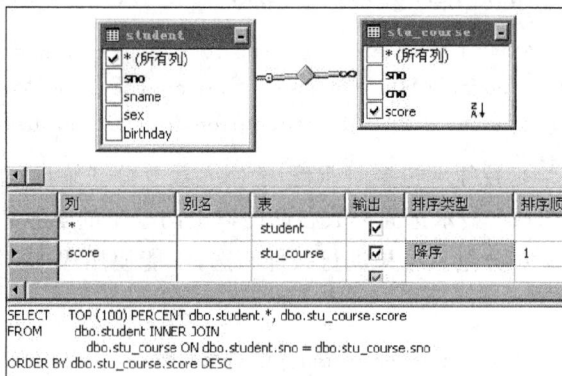

图 3-25　创建视图 View_stu

2. 命令方式

从图 3-25 可以看出,每次在设计器中选择时,都会改动下方的语句行,语句中是基本的查询语句。

(1) 创建视图的语法格式如下:

```
CREATE VIEW 视图名[(视图字段名 1,视图字段名 2,…)]
[WITH ENCRYPTION]
 AS SELECT 查询语句
[WITH CHECK OPTION]
```

说明:WITH ENCRYPTION 关键字表示对视图加密,WITH CHECK OPTION 表示对视图进行数据操作(INSEERT、UPDATE、DELETE)时要满足视图定义中的条件。

(2) 示例。

```
CREATE VIEW VIEW_stu1 AS SELECT student. * ,score FROM student INNER JOIN
stu_course ON stu_course .sno=student .sno WHERE score<60
```

功能说明：创建视图 VIEW_stu1，其中保存的是未及格学生的基本信息。

视图定义好以后，可以像基本表一样执行所有的查询。

3.3.3　通过视图修改基本表数据

1. 图形化方式

在"对象资源管理器"中选中视图 VIEW_stu，在右键菜单中选择"编辑前 200 行"命令，如图 3-26 所示。

在打开的表视图中修改其中一行的 score 在 60 以下，然后打开视图 VIEW_stu1，会发现其中多了一条语句记录，打开 stu_course 表也会发现成绩被修改成功。

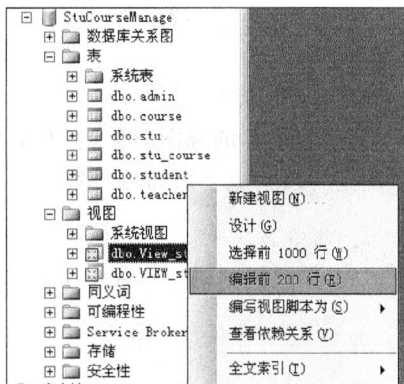

2. 命令方式

```
UPDATE VIEW_stu SET score=55 WHERE sno=
'2012007'
```

提示：2012007 仅有一门成绩，所以 stu_course 表中只有一行的 scroe 值被改动。

图 3-26　打开视图中的记录行

```
UPDATE VIEW_stu SET score=33 WHERE sno='2012001'
```

提示：2012001 的成绩有多个，都会修改为 33，所以 stu_course 表中被修改的行数不止一行。

上述两个示例均针对 UPDATE 操作，视图的 INSERT 和 DELETE 操作同样会影响基本表，本书不再介绍。

3. 限制条件

视图中数据的添加、修改、删除操作都会影响基本表，但并非全无限制，避免以下限制，可以自由地操纵视图数据。

（1）视图中的计算字段不允许执行添加、修改，可以删除。

（2）视图中集合函数（如 SUM( )）字段不允许修改。

（3）视图定义中有 GROUP BY、DISTINCT，不允许修改。

3.3.4　修改视图

1. 图形化方式

在对应数据库中选中要修改的视图，在右键菜单中执行"设计"命令，打开"视图设计器"界面，与新建视图操作相同，修改完毕后须保存才可生效。

2. 命令方式

（1）修改视图的语法格式如下：

ALTER VIEW 视图名 AS 新 SELECT 语句

（2）示例。

ALTER VIEW VIEW_stu1 AS SELECT * FROM student WHERE sex=0

功能说明：将视图 VIEW_stu1 的来源进行修改，修改后视图中显示的是 student 表中 sex 为 0 的记录行。

3.3.5 删除视图

1. 图形化方式

选中要删除的视图对象，在右键菜单中选择"删除"命令，弹出"删除对象"界面后，单击"确定"按钮，成功后即可将视图数据库对象删除。

2. 命令方式

（1）删除视图语法格式如下：

DROP VIEW 视图 1[,视图 2,…]

（2）示例。

DROP VIEW VIEW_stu1

功能说明：将视图 VIEW_stu1 删除。

视图被删除后将无法还原。

任务 3-4　设计并实现"修改学生基本信息页面"

3.4.1 添加 Web 窗体

1. 打开"学生选课管理系统"网站

打开 Visual Studio 2010 程序，选择"文件"→"打开"→"网站"→"选择目录"后，单击"打开"按钮，将"学生选课管理系统"网站打开。

2. 添加窗体

为"学生选课管理系统"网站中的 Stu 文件夹添加名为 UpdateStu. aspx 的 Web 窗体。

3.4.2 页面布局设计

1. 窗体布局

UpdateStu. aspx 窗体布局如图 3-27 所示。

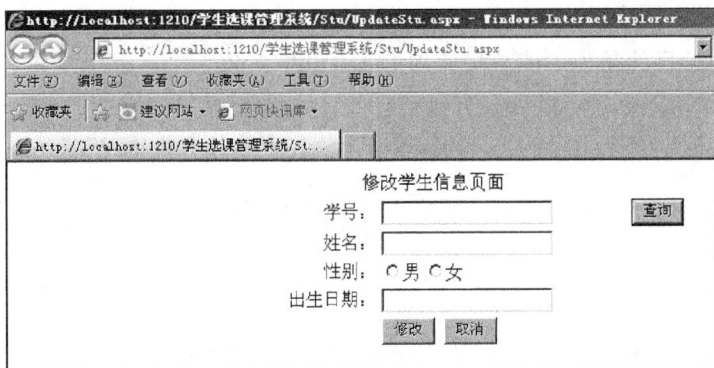

图 3-27　窗体布局

2. 添加控件

UpdateStu. aspx 窗体上各控件 ID 及部分属性如表 3-8 所示。

表 3-8　修改学生基本信息页面各控件属性

控 件 ID	属　　性	值	说　　明
TextBox1	MaxLength	7	输入学号
TextBox2	MaxLength	20	输入姓名
TextBox3	MaxLength	10	输入出生日期
RadioButton1	Text	男	
RadioButton1	GroupName	sex	组名相同可保证只有一个被选中
RadioButton1	Checked	False	是否被选中
RadioButton2	Text	女	
RadioButton2	GroupName	sex	
RadioButton2	Checked	False	是否被选中
Button1	Text	查询	根据学号框的输入查询
Button2	Text	修改	确认修改
Button3	Text	取消	清空输入

3.4.3　代码设计

1. 为 ConnSql 类添加方法

修改学生信息页面的功能是根据"学号"框中的输入，从 student 数据表中查看输入的学号是否存在，存在就将其相应信息显示在对应控件中，不存在就提醒用户。因此，需要用到查询，要将查询结果保存下来，这里使用 ADO. NET 中的对象 SqlDataAdapter，还要使用到另一对象 DataTable。本节不再介绍这两个对象的常用属性和方法，仅介绍在本任务中的使用。

1）添加引用

打开 ConnSql. cs 文件，在引用部分添加如下引用。

```
using System.Data;
```

添加引用的目的是为了能直接使用 DataTable 对象。

2）添加 RunSqlReturnTable 方法

该方法将返回一个类型为 DataTable 的值，其中装载有查询结果，方法代码如下。

```
public DataTable RunSqlReturnTable(string sqltext)
{
    #region
    Open();
    SqlDataAdapter sda=new SqlDataAdapter(sqltext, con);          //定义对象实例 sda
    DataTable table=new DataTable();
    sda.Fill(table);                          //将 sda 中的数据装载进 table 中
    Close();
    return table;                             //返回 table
    #endregion
}
```

2. 编写"查询"按钮的 Click 事件代码

```
protected void Button1_Click(object sender, EventArgs e)
{
    DataTable table=new DataTable();
    string sqltext="SELECT * FROM student where sno='"+TextBox1.Text+"'";
    ConnSql cn=new ConnSql();
    table=cn.RunSqlReturnTable(sqltext);
    if (table.Rows.Count<=0)                //判断 table 中行数,因学号不重复,最多 1 行
        WebMessage.Show("你输入的学号不存在!");
    else
    {
        //学号存在,将相应字段显示在相关控件中
        TextBox2.Text=table.Rows[0][1].ToString();
                                //DataTable 中列号从 0 开始,所以列号 1 代表姓名字段
        if (table.Rows[0][2].ToString().Trim()=="False")
                                //规定 sex 值为 0 时表示女,为 1 时表示男
        {
            RadioButton1.Checked=false;
            RadioButton2.Checked=true;
        }
        else                    //第 3 列的值为 True,即 sex 为 1,男生
        {
            RadioButton1.Checked=true;
            RadioButton2.Checked=false;
        }
        TextBox3.Text=table.Rows[0][3].ToString ();
```

```
            TextBox1.BackColor=System.Drawing.Color.DarkGray;
                                            //学号文本框背景色变成灰色
        }
    }
```

3. 编写"修改"按钮的 Click 事件代码

```
protected void Button2_Click(object sender, EventArgs e)
{
    string sqltext="";
    if (RadioButton1.Checked==true)
        sqltext="update student set sname='"+TextBox2.Text+"',sex=1,
        birthday='"+TextBox3.Text+"' where sno='"+TextBox1.Text+"'";
    else if(RadioButton2 .Checked==true )
        sqltext="update student set sname='"+TextBox2.Text+"',sex=0,
        birthday='"+TextBox3.Text+"' where sno='"+TextBox1.Text+"'";
    ConnSql cn=new ConnSql();
    cn.RunSql(sqltext);
    WebMessage.Show("修改成功!");

}
```

4. 编写"取消"按钮的 Click 事件代码

```
protected void Button3_Click(object sender, EventArgs e)
{
    TextBox1.Text="";
    TextBox2.Text="";
    TextBox3.Text="";
    RadioButton1.Checked=false;
    RadioButton2.Checked=false;
    TextBox1.BackColor=System.Drawing.Color.White;
}
```

课后练习：仿照本任务,设计并实现修改教师(UpdateTeacher. aspx)、修改课程
(UpdateCourse. aspx)、修改管理员(UpdateAdmin. aspx)三个页面。

3.4.4 设计并实现"添加课程页面"

1. 页面布局
添加课程 AddCourse. aspx 页面布局如图 3-28 所示。

2. 设置授课教师控件
单击授课教师行中的 DropDownList1 控件旁的">"符号,选择"选择数据源"命令,
在出现的数据源配置向导中选择"新建数据源"选项,如图 3-29 所示。

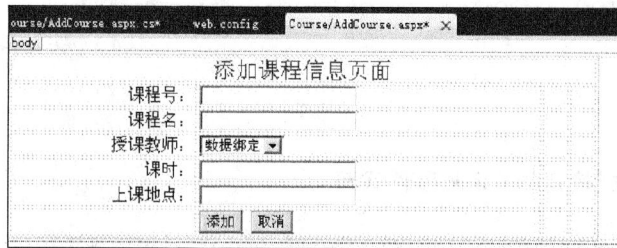

图 3-28　添加课程页面布局

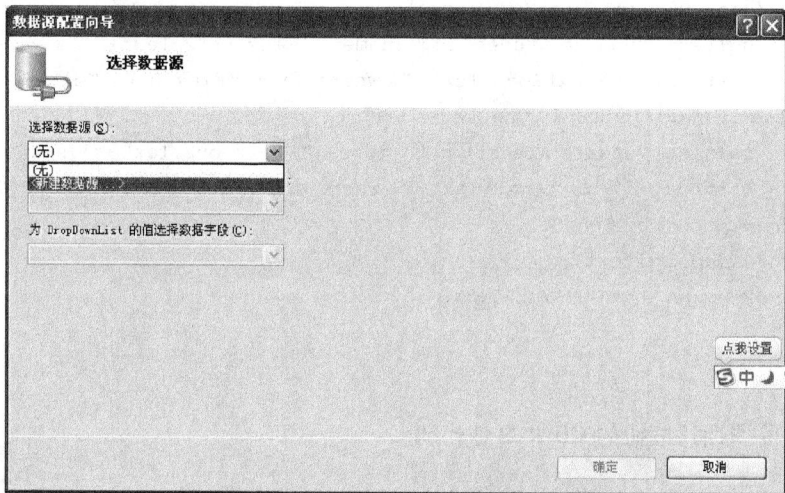

图 3-29　新建数据源

选择从"SQL 数据库"中获取数据，会自动设置数据源的 ID 为 SqlDataSource1，如图 3-30 所示。

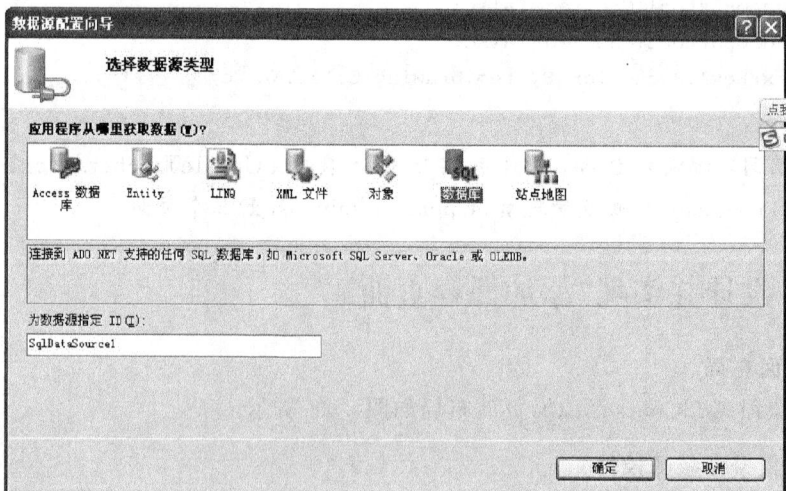

图 3-30　设置数据源类型

单击"确定"按钮后,在数据连接的下拉列表中选择 xkglcon 项,如图 3-31 所示。

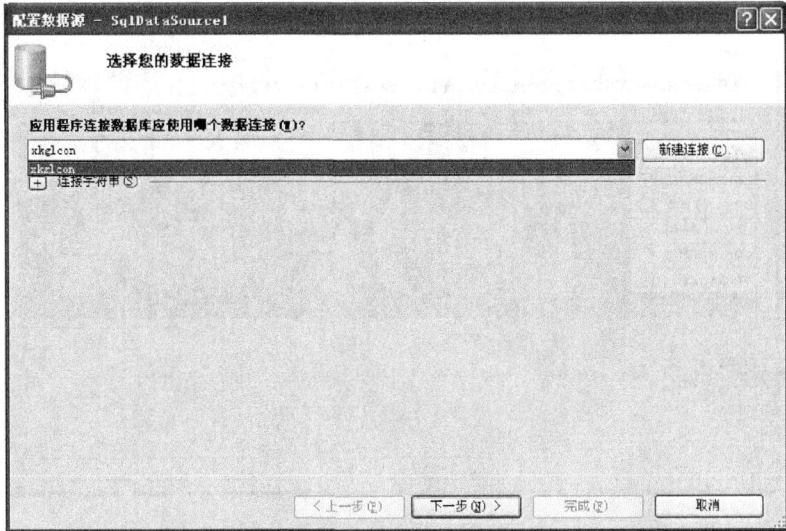

图 3-31 选择数据连接

单击"下一步"按钮后,在"配置 select 语句"界面中设置,如图 3-32 所示。

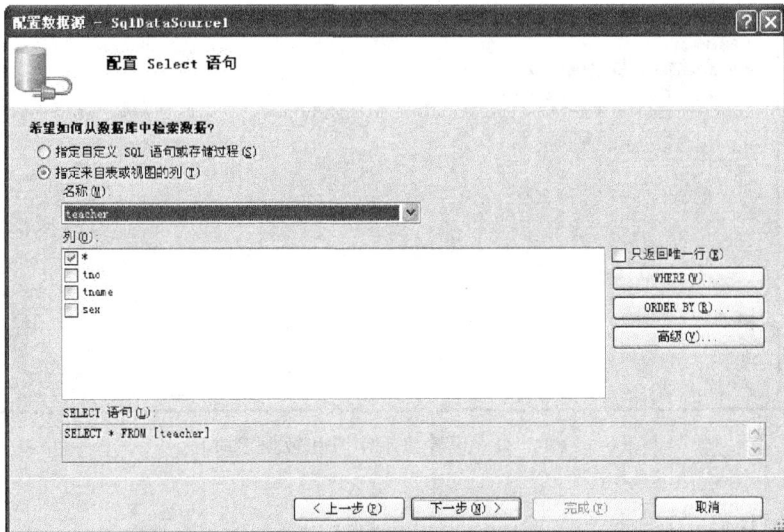

图 3-32 配置 select 语句

单击"下一步"按钮后弹出"测试查询"界面,单击"测试查询"按钮后界面如图 3-33 所示。

单击"完成"按钮后返回 DropDownList1 控件的数据源配置向导,将"选择要在 DropDownList 中显示的数据字段"项设置为 tname,"为 DropDownList 的值选择数据字段"项设置为 tno,如图 3-34 所示。

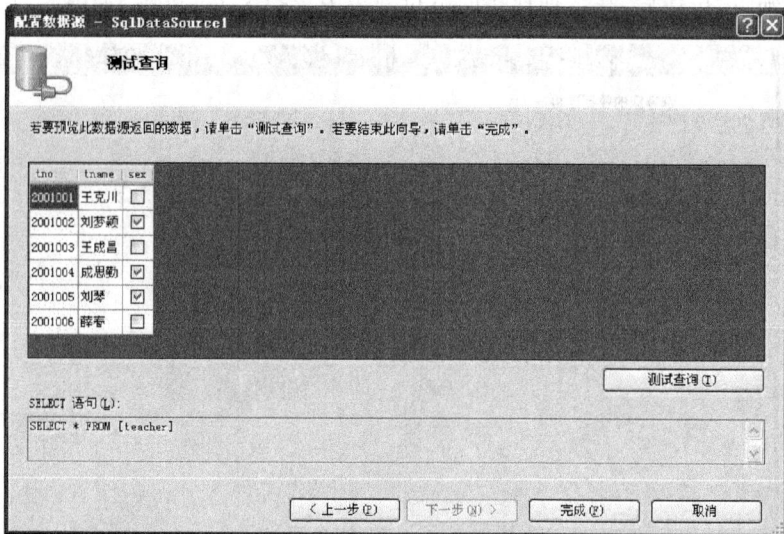

图 3-33　测试查询

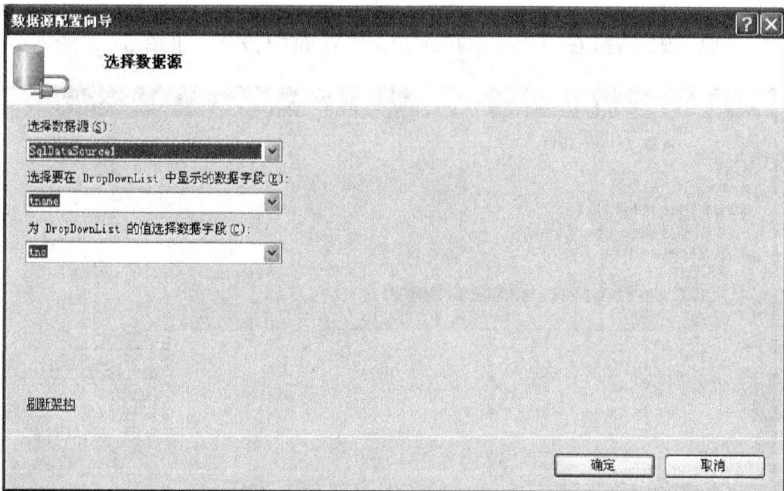

图 3-34　设置显示字段和数据字段

3. 编写代码

"修改"按钮的 Click 事件代码如下。

```
protected void Button1_Click(object sender, EventArgs e)
{
    string cno=TextBox1.Text.Trim();
    DataTable table=new DataTable ();
    ConnSql con=new ConnSql();
    table=con.RunSqlReturnTable ("SELECT * FROM course where cno='"+cno+"'");
    if (cno=="")
```

```
    WebMessage.Show("请输入课程号!");
else if (table.Rows.Count > 0)
    WebMessage.Show("你输入的课程号在表中已存在!");
else
{
    con.RunSql("insert course(cno,cname,tno,xs,skdd) values('"+cno+"',
    '"+TextBox2.Text.Trim()+"','"+DropDownList1.SelectedValue +"',
    '"+TextBox3.Text.Trim()+"','"+TextBox4.Text.Trim()+"')");
    WebMessage.Show("添加成功!");
}
}
```

任务 3-5   设计并实现"管理员用户登录页面"

3.5.1   添加窗体

1. 打开"学生选课管理系统"网站

打开 Visual Studio 2010 应用程序,选择"文件"→"打开"→"网站",选择相应目录后,单击"打开"按钮,将"学生选课管理系统"网站打开。

2. 添加窗体

为"学生选课管理系统"网站添加名为 Login.aspx 的 Web 窗体,不要存放在文件夹中,直接放在根目录下,用于实现管理员用户登录。

3.5.2   页面布局设计

1. 页面布局

登录页面布局如图 3-35 所示。

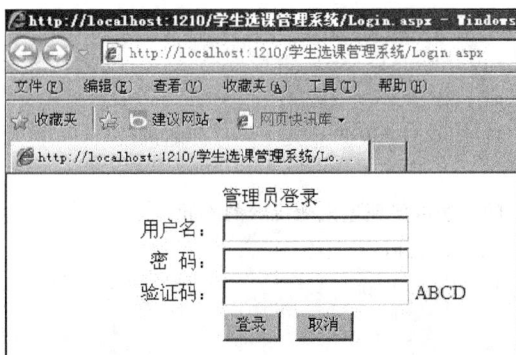

图 3-35   管理员登录页面布局

2. 添加控件

窗体上各控件 ID 及部分属性如表 3-9 所示。

表 3-9　管理员登录页面各控件属性

控件 ID	属　　性	值	说　　明
TextBox1	MaxLength	16	输入用户名
TextBox2	MaxLength	16	输入密码
	TextMode	Password	密码演示掩码
TextBox3	MaxLength	0	输入验证码
Label1	Text		用于显示产生的随机验证码
Button1	Text	登录	实现登录
Button2	Text	取消	清空输入内容

3.5.3　代码设计

1. 添加类 Yzm，用于产生验证码

（1）在 App_Code 文件夹中添加类，名为 Yzm.cs。

（2）添加静态方法 CreateYzm(int n)。

静态方法可以直接使用类名调用，不用定义实例，方法代码如下。

```
public static string CreateYzm(int n)
{
    //定义一个包括数字、大写英文字母和小写英文字母的字符串的数组
    string strchar="0,1,2,3,4,5,6,7,8,9,A,B,C,D,E,F,G,H,I,J,K,L,M,N,O,P,Q,R,
    S,T,U,V,W,X,Y,Z,a,b,c,d,e,f,g,h,i,j,k,l,m,n,o,p,q,r,s,t,u,v,w,x,y,z";
    //将 strchar 字符串转化为数组
    //String.Split 方法返回包含此实例中的子字符串(由指定 Char 数组的元素分隔)的
      String 数组。
    string[] VcArray=strchar.Split(',');
    string VNum="";
    //记录上次随机数值,尽量避免产生几个一样的随机数
    int temp=-1;
    //采用一个简单的算法以保证生成随机数的不同
    Random rand=new Random();
    for (int i=1; i<n+1; i++)
    {
        if (temp !=-1)
        {
            //unchecked 关键字用于取消整型算术运算和转换的溢出检查
```

数据库开发案例教材

```
//DateTime.Ticks 属性获取表示此实例的日期和时间的刻度数
    rand=new Random(i * temp * unchecked((int)DateTime.Now.Ticks));
}
//Random.Next 方法返回一个小于所指定最大值的非负随机数
int t=rand.Next(61);
if (temp !=-1 && temp==t)
{
    return CreateYzm(n);
}
temp=t;
VNum+=VcArray[t];
}
return VNum;                              //返回生成的随机数
}
```

2. 编写窗体的 Page_Load 事件，用于显示产生的随机验证码

```
protected void Page_Load(object sender, EventArgs e)
{
    if (IsPostBack==false)
        Label1.Text=Yzm.CreateYzm(4);       //产生长度为 4 的验证码
}
```

3. 编写"登录"按钮的 Click 事件代码

（1）添加引用。

```
using System.Data;
```

（2）编写"登录"按钮的 Click 代码。

```
protected void Button1_Click(object sender, EventArgs e)
{
    string sqltext="SELECT * FROM admin where username='"+TextBox1 .Text+"'";
    DataTable table=new DataTable();
    ConnSql cn=new ConnSql();
    table=cn.RunSqlReturnTable(sqltext);
    if (TextBox1.Text=="")
        WebMessage.Show("请输入用户名");
    else if (TextBox2.Text=="")
        WebMessage.Show("请输入密码");
    else if (TextBox3.Text=="")
        WebMessage.Show("请输入验证码");
    else
    {
        if (table.Rows.Count<=0)
```

```
        WebMessage.Show("用户名错误!");
    else if (table.Rows[0][1].ToString().Trim() !=TextBox2.Text)
        WebMessage.Show("密码错误!");
    else if (TextBox3.Text.Trim().ToUpper() !=Label1.Text.ToUpper())
        WebMessage.Show("验证码错误!");
    else
    {
        //保存登录的用户的用户名和密码到 Session 对象
        Session["username"]=table.Rows[0][0].ToString();
        Session["password"]=table.Rows[0][1].ToString();
        //页面转向 stu 文件夹中的 UpdateStu.aspx 页面
        Response.Redirect("stu/UpdateStu.aspx");
    }
    }
}
```

4. 编写"取消"按钮的 Click 事件代码

```
protected void Button2_Click(object sender, EventArgs e)
{
    TextBox1.Text="";
    TextBox2.Text="";
    TextBox3.Text="";
    Label1.Text=Yzm.CreateYzm(4);                //重新产生验证码
}
```

任务 3-6　存储过程设计

3.6.1　局部变量

SQL Server 中允许用户定义变量,变量有全局变量和局部变量,全局变量反映了系统状态,由开发人员定义,用户只能定义局部变量,不能定义全局变量。局部变量名的起始字符必须为一个@(全局变量前有两个@)。

1. 定义局部变量
(1)语法格式如下:

```
DECLARE {@变量名 数据类型}[,…]
```

(2)示例。

```
DECLARE @A INT, @b INT
```

功能说明：定义两个 int 型变量。

DECLARE @c FLOAT, @d CHAR(2)

功能说明：定义两个不同类型的变量。

2. 为局部变量赋值

（1）语法格式如下：

格式 1：

SELECT 变量名 1=表达式/字段名 [from 子句][where 子句]…,变量名 2=…

格式 2：

SET 变量名=表达式

说明：SET 一次只可以给一个变量赋值；SELECT 一次可以给多个变量赋值，而且可以将数据表中的字段值赋给变量，SET 不可以。

（2）示例。

```
--定义 4 个变量
DECLARE @a INT ,@b CHAR(2),@c VARCHAR(8),@d FLOAT
--为变量赋值
SELECT @a=12,@b='AB'                   --如果@b 赋值的长度大于 2 会如何
SET @c='1.2345'
SELECT @d=score FROM stu_course
                    --是哪个 score 赋给了@d,此赋值方法与给字段取别名有何区别
--输出 4 个变量的值
SELECT @a,@b,@c,@d
```

执行后结果框中显示如图 3-36 所示。

注意：如果给@b 赋值的长度大于 2 不会出错，但会从左往右取 2 位，@d 中保存的是 stu_course 表中最后一条记录的 score。

SELECT 关键字可以将变量的值输出在结果框中，一次可以输出多个变量的结果，PRINT 关键字可以将变量值输出在消息框中，只是一次只可以输出一个变量的结果。

```
declare @a int ,@b char(2)
select @a=2+5*3+4/2.5+4/2,@b='1.2'
print @a
print @b
```

执行后结果显示在消息框中，如图 3-37 所示。

结果	消息		
(无列名)	(无列名)	(无列名)	(无列名)
12	AB	1.2345	55

图 3-36　变量输出

```
消息
20
1.
```

图 3-37　PRINT 输出结果

3.6.2 流程控制语句

1. 常见语句

1) 批处理(GO)

有些 SQL 语句不能同时执行,如果要写在同一个文件中,中间可以用 GO 关键字分开,且加批处理关键字 GO 后,各块之间的错误互不干扰,也不影响程序执行。

2) 注释语句

注释语句格式如下:

```
--单行注释
/*单行注释*/
/*
多行注释
*/
```

2. 逻辑块语句

BEGIN…END 关键字可以将多条 SQL 语句组成一条逻辑块语句,相当于 C♯ 语言中的{}。

3. 分支结构程序设计

(1) IF…ELSE 的格式如下:

```
IF 逻辑表达式
  语句块 1
ELSE
  语句块 2
```

IF…ELSE 语句执行流程如图 3-38 所示。

例如:

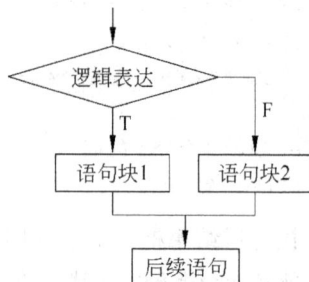

图 3-38 IF…ELSE 语句执行流程

```
DECLARE @a float
SELECT @a=score FROM stu_course WHERE sno='2012001' and cno='0001'
if @a<60
  print '不及格'
else
  print '及格'
```

又如:

```
DECLARE @a INT,@b INT
SELECT @a=1,@b=2
if @a>1
  BEGIN
  SET @a=@a+1
```

```
    SET @b=@a+1
    END
ELSE
  SELECT @a=3
SET @b=@a+1
SELECT @a,@b
```

输出分别是 3 和 4。

（2）CASE…END。

格式 1：

```
CASE 表达式
    WHEN 值 1 THEN 结果表达式 1
    WHEN 值 2 THEN 结果表达式 2
    …
    [ELSE 结果表达式 N]
END
```

例如：

```
SELECT sno,sname,
CASE sex
  WHEN 0 THEN '男'
  WHEN 1 THEN '女'
  ELSE '不确定'
END AS 性别
FROM student
```

	sno	sname	性别
1	2012001	薛若涵	女
2	2012002	彭佳乐	男
3	2012003	范一帅	男
4	2012004	杨一凡	男
5	2012005	薛若涵	女
6	2012006	胡梓昕	女
7	2012007	贺欣雅	女

图 3-39 性别显示

程序运行结果如图 3-39 所示。

格式 2：

```
CASE
    WHEN 逻辑表达式 1 THEN 结果表达式 1
    WHEN 逻辑表达式 2 THEN 结果表达式 2
    …
    [ELSE 结果表达式 N]
END
```

例如：

```
SELECT 姓名=CASE sno
          WHEN '2012001' THEN '薛若涵'
          WHEN '2012002' THEN '彭佳乐'
          WHEN '2012003' THEN '范一帅'
          WHEN '2012004' THEN '杨一凡'
          WHEN '2012005' THEN '薛若涵'
          WHEN '2012006' THEN '胡梓昕'
```

```
            WHEN '2012007' THEN '贺欣雅'
            ELSE '请查询'
            END
        ,cno,
    CASE
        WHEN score>=85 THEN 'A'
        WHEN score>=75 THEN 'B'
        WHEN score>=60 THEN 'C'
        ELSE 'D'
    END
score
FROM stu_course
```

程序运行结果如图 3-40 所示。

4. 循环语句 WHILE

（1）语法格式如下：

```
WHILE    逻辑表达式
BEGIN
        循环体语句
END
```

语句执行流程如图 3-41 所示。

图 3-40 分支判断查询结果

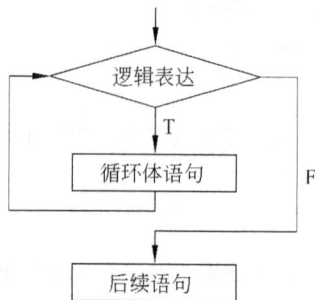

图 3-41 WHILE 语句执行流程

WHILE 语句中还可以带上 CONTINUE、BREAK 关键字，此处不再介绍。

（2）示例如下。

```
DECLARE @a INT,@s INT
SELECT @a=1,@s=0
WHILE @a<=100
  BEGIN
    SET @s=@s+@a
    SET @a=@a+1
  END
SELECT @a,@s
```

功能说明：计算 1＋2＋…＋100 的和。

```
WHILE EXISTS(SELECT *  FROM stu_course  where  score<35)
    BEGIN
        UPDATE stu_course set score=score+1
    END
```

功能说明：stu_course 表中如果有低于 35 分的成绩，就将所有学生的成绩都加 1。

5. 无条件转移语句 GOTO

GOTO 语句可以将程序直接跳转到标示符语句处执行，标示符要带英文冒号。

```
DECLARE @a INT,@s INT
SELECT @a=1,@s=0
LB:
  set @s=@s+@a
  set @a=@a+1
if @a<=10
GOTO LB
PRINT @s
```

功能说明：计算 1＋2＋…＋10 的和。

6. 无条件退出语句 RETURN

　　RETURN 语句可以无条件地退出正在执行的批处理、存储过程或触发器，并可以返回一个整数或整型表达式。

3.6.3　存储过程设计

1. 存储过程概念

　　存储过程是数据库对象中的一种，从名字可以看出，是一段存储起来备用的 SQL 程序。当需要时执行存储过程，用于完成某项具体的操作。

　　使用存储过程的原因有方便（将一组预编译的 T-SQL 语句作为数据库对象保存，以备后用，为重复调用执行该组语句提供方便）、执行速度快（存储过程是预编译的，第一次执行时，SQL Server 为其产生查询计划并保留在内存中，以后再调用就无须再编译）、安全（存储过程可以提供输入、输出参数，避免数据库细节暴露）。

2. 存储过程的类型

　　（1）系统存储过程（System Procedure）。

　　系统存储过程的定义在系统数据库 master 中，以 sp_作为存储过程的前缀。可以在 master 数据库的"可编程性"选项下的"存储过程"项中查看到所有的系统存储过程，系统存储过程可以在所有的数据库中调用，具有全局性，如图 3-42 所示。

　　（2）用户自定义存储过程。

　　用户自定义存储过程也叫本地存储过程，由用户创建，通常只能在创建的数据库使

图 3-42 查看系统存储过程

用,具备局部性,命名时最好不要使用 sp_前缀,可采用 up_前缀。

（3）临时存储过程。

临时存储过程是用户自定义存储过程的一种,特点是名称前有一个"♯"的为局部临时存储过程,名称前有两个"♯"的为全局临时存储过程,当服务重启后,临时存储过程就自动删除。

除了上述介绍的存储过程外,还有远程存储过程、扩展存储过程等,本书不再介绍。

3. 创建用户自定义存储过程

创建存储过程可以采用图像化和命令两种方法,图形化创建时可选择要创建的数据库,在"可编程性"选项的"存储过程"子项中右键选择"新建存储过程"命令,即可打开新建存储过程的查询窗口,仍需要编写代码,因此这里主讲以命令方式创建存储过程。

（1）命令格式如下：

```
CREATE PROC[EDURE] 存储过程名 [参数名 类型    [=默认值],…]
AS
SQL 语句    [SQL 语句…]
```

（2）创建无参数的存储过程如下：

```
USE StuCourseManage                          --设置当前数据库
go
--创建存储过程
CREATE PROC up_stu
```

```
AS
SELECT * FROM student WHERE sex=1
```

执行命令，当消息框出现"命令已成功完成"表明存储过程建立成功，该存储过程是查询 student 表中 sex 为 1 的记录，创建时并没将结果显示出来。要执行存储过程中的语句，需要执行存储过程才可实现。

（3）创建带参数的存储过程。

① 带一个参数。

```
USE StuCourseManage
GO
CREATE   PROCEDURE up_stu2   @sno char(7)
AS
IF exists(SELECT * FROM student   WHERE sno=@sno)
SELECT student.sno, sname, cno, score FROM student,stu_course WHERE student.
sno=stu_course.sno AND student.sno=@sno
ELSE
   PRINT '你提供的学号不存在！'
```

功能说明：该存储过程实现根据学号查询该学号是否存在，存在就查询其选课信息，没有就提示"你提供的学号不存在"，有一个参数@sno（参数前要带上局部变量的前缀@），其数据类型和宽度与 student 表中的 sno 字段类型相同（定义参数时，参数的类型最好与相关联字段的数据类型同类，宽度可以相同或更大）。

② 带多个参数。

```
USE StuCourseManage
GO
CREATE PROC up_stu3   @xh   char(7),@kch char(4),@cj float
AS
UPDATE stu_course SET score=@cj WHERE sno=@xh AND cno=@kch
```

功能说明：有三个参数，根据提供的参数修改 stu_course 表中对应 sno 和 cno 中的 score 值。

③ 参数带默认值。

```
USE StuCourseManage
GO
CREATE PROC up_stu4   @xh   char(7),@kch char(4),@cj float=0
AS
INSERT stu_course VALUES(@xh,@kch,@cj)
```

功能说明：有三个参数，第三个参数带默认值 0，根据提供的参数在 stu_course 表中添加记录。

（4）执行存储过程。

直接使用 EXEC［UTE］语句执行存储过程。

① 执行不带参数的存储过程格式如下：

EXEC 存储过程名

② 执行带参数的存储过程。

- 带 1 个参数为：

EXEC　存储过程名　[参数名=]参数值

- 带多个参数为：

EXEC　存储过程名　[参数名1=]参数值1,[参数名2=]参数值2,…

如果执行存储过程的语句在批处理的第一条,可省略 EXEC 关键字。

```
USE StuCourseManage
GO
up_stu
EXEC up_stu2 @sno='2012002'
GO
up_stu3 '2012002','0002',36.7              --未提供参数名要按顺序指定,要全体省略
EXEC up_stu2 '2012002'                     --参数名省略
EXEC up_stu4 @kch='0003',@xh='2012002',@cj=80      --带参数名必须全部带
EXEC up_stu2 '2012002'
EXEC up_stu4 '2012002','0005'              --第3个参数采用默认
EXEC up_stu2 '2012002'
```

（5）带输出参数的存储过程。

存储过程中若有返回值,可在创建时带上输出参数,输出参数要使用 OUTPUT 关键字。

```
USE StuCourseManage
GO
CREATE PROC stu_out @cno char(4),@avg float output
AS
    SELECT @avg=AVG(score) FROM stu_course WHERE cno=@cno
```

功能说明：根据课程号,计算该课程的平均分,@cno 可称为输入参数,@avg 为输出参数。

执行带输出参数的存储过程如下：

```
DECLARE @avg float
EXEC stu_out '0001',@avg out
SELECT @avg
```

提示：执行带输出参数的存储过程时,要定义变量,变量名可以不同,但类型和参数位置必须对应。

3.6.4　触发器设计

1. 触发器简介

1）概念

触发器是一种特殊的存储过程,存储过程是使用 EXEC 命令被动执行的,而触发器是当数据表或数据库遇到指定操作时而自动触发执行的存储过程。数据表中记录的 INSERT、UPDATE、DELETE 操作都可以设置触发器,数据库对象的 CREATE、ALTER、DROP 操作,也可以设置触发器。

2）类别

根据概念中的描述,触发器可以分成两类,一类针对表数据;另一类是针对数据库对象。

（1）DML 触发器。

数据操纵触发器,数据操纵语言（Data Master Language,DML）是 SQL 语言中的一种,主要有 INSERT、UPDATE、DELETE 三个关键字。

（2）DDL 触发器。

数据定义触发器,数据定义语言（Data Define Language,DDL）,对应 CREATE、ALTER、DROP 三个关键字。

2. 创建 DML 触发器

1）DML 触发器类型

（1）AFTER 触发器,先执行 INSERT、UPDATE、DELETE 语句,然后再执行触发器语句。

（2）INSTEAD OF 触发器,替代触发器,如果 INSERT、UPDATE、DELETE 语句定义了 INSTEAD OF 触发器,当执行 INSERT、UPDATE、DELETE 语句时,真正被执行的是触发器语句,而非执行增、改、删操作。这类触发器在保护数据表方面有一定的作用。

2）Inserted 表和 Deleted 表

这两张表只在 DML 触发器中可用,在触发器之外不可用。它们都是逻辑表而非实际表,用户可以访问,不可修改。

（1）Inserted 表,存放更新前的数据,执行 INSERT 语句时,Inserted 表中存放的是将要插入的数据,执行 UPDATE 语句时,Inserted 表中存放的是更新后的数据。

（2）Deleted 表,执行 DELETE 语句时,Deleted 表中存放的是被删除的数据,执行 UPDATE 语句时,Deleted 表中存放的是更新前的数据。

通过描述,INSERT 语句将要插入的数据存放在 Inserted 表中,Deleted 表未使用;DELETE 语句将被删除的数据存放在 Deleted 表中,没有使用 Inserted 表;只有 UPDATE 语句要同时使用两张表,Inserted 表存放更新后的数据,Deleted 表中存放的是更新前的数据。

3）创建 AFTER 触发器

和创建存储过程一样,图形化方式创建触发也要输入大量的命令,因此仅介绍命令方式创建。

（1）命令格式如下：

```
CREATE TRIGGER 触发器名称
ON {表|视图}
{FOR|AFTER|INSTEAD OF} {[INSERT] [,] [UPDATE] [,] [DELETE]}
AS
SQL 语句
```

说明：FOR 与 AFTER 类型相同，都是在语句执行后再触发触发器。

（2）示例如下：

```
CREATE TRIGGER tr_stu1 ON student FOR INSERT
AS
SELECT '添加了一名学生'
```

功能说明：在 student 中执行 INSERT 语句添加记录时会触发 tr_stu1 触发器，功能是在结果框中输出"添加了一名学生"信息。当执行 INSERT 命令成功添加学生记录后，触发器执行结果如图 3-43 所示。

```
CREATE TRIGGER tr_stu2 ON student FOR INSERT
AS
DECLARE @sname varchar(20)
SELECT @sname=sname FROM inserted
if len(@sname)<=1
BEGIN
    SELECT '你输入的名字只有一个字'
    rollback transaction
END
```

功能说明：为 student 表的 INSERT 语句创建触发器 tr_stu2，若输入的 sname 字段长度小于等于1，输出信息"你输入的名字只有一个字"，同时回滚事务，回滚事务会使得记录被添加后又删除了。此时执行语句"insert student(sno,sname,sex) values('2012100','张',1)"，记录将不会添加进表，并出现如图 3-44 所示的提示，因为 student 表的 INSERT 语句已经建立了 tr_stu1 和 tr_stu2 两个触发器，上述语句会使得两个触发器都被触发，因此显示结果有两个。

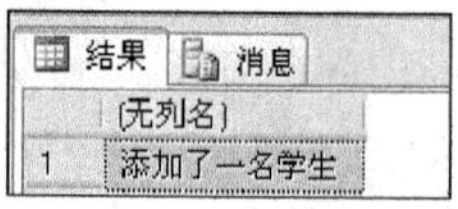

图 3-43 触发 tr_stu1 触发器的结果 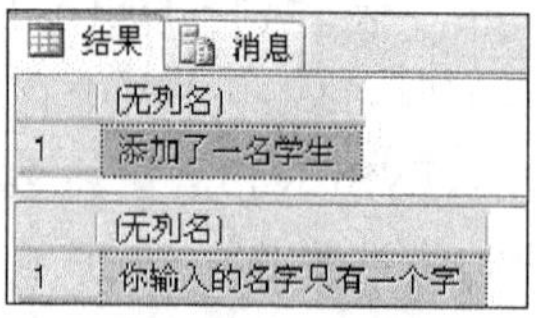　　　图 3-44 触发 tr_stu1 和 tr_stu2 触发器的结果

思考：语句"insert student(sno,sname,sex) values('2012100','张三',1)"会触发几个触发器？执行后结果框的提示是什么？如果使用图形化方式在 student 表添加一条

sname 长度小于等于 1 的记录能否成功？

```
CREATE TRIGGER tr_stu3 ON student FOR UPDATE
AS
if update(sno)
BEGIN
SELECT '不允许修改学号'
rollback transaction
END
```

功能说明：为 student 表的 UPDATE 语句创建触发器 tr_stu3，当 UPDATE 语句修改 sno 字段时，提示"不允许修改学号"并回滚事务，添加该触发器后，sno 字段将不能进行修改。此时执行语句"update student set sno='2013101' where sno='2012001'"，修改将被拒绝，并输出如图 3-45 所示的输出信息。

图 3-45　触发 tr_stu3 的结果

思考：UPDATE student SET sname='李四' WHERE sno='2012001'会不会触发 tr_stu3 触发器？

（3）使用触发器实现数据表的部分参照完整性。

数据参照完整性有基本规则、级联更新和级联删除规则，这些规则也可以用触发器来实现。

```
USE StuCourseManage
GO
CREATE TRIGGER s_c ON stu_course FOR INSERT
AS
if exists(SELECT * FROM inserted WHERE inserted.sno not in(SELECT sno FROM
student) or inserted.cno NOT IN(SELECT cno FROM course))
BEGIN
    rollback transaction
END
```

功能说明：在 stu_course 表中执行 INSERT 语句时会触发 s_c 触发器，判断当前要插入的记录的 sno 和 cno 在 student 表和 course 表中是否存在，如果不存在，则回滚事务。该触发器实现了 student、stu_course、course 三张表间的基本参照完整性规则。

```
USE StuCourseManage
GO
CREATE TRIGGER tr_c1 ON student FOR DELETE
AS
    DELETE stu_course WHERE sno=(select sno from deleted)
```

功能说明：当在 student 表中执行 DELETE 语句成功后，相应地删除 stu_course 表中 sno 相同的记录。该触发器实现了 student 表和 stu_course 表间的级联删除。

提示：上面程序中 AS 关键字后的条件为"WHERE sno=（select sno from

deleted)"，用"＝"作运算符时若子查询的结果有多个会造成触发器语句错误，例如当执行"DELETE student WHERE sex＝1"语句时，deleted 表中所保存的记录会多于一条，触发器语句就会出错，可将"＝"改为"IN"关键字，可避免此类错误。

课后练习：

创建触发器实现 course 表和 stu_course 表、teacher 表和 course 表间级联删除。

```
USE StuCourseManage
GO
CREATE TRIGGER tr_c2 ON student FOR UPDATE
AS
if update(sno)
    UPDATE stu_course SET sno=(SELECT sno from inserted) WHERE sno=(SELECT sno
    FROM deleted)
```

功能说明：当修改 student 表的 sno 字段成功后，将 stu_course 表的 sno 字段也修改，注意此时 INSERTED 和 DELETED 两张表的使用。该触发器实现了 student 表和 stu_course 表间的级联更新。

课后练习：

创建触发器实现 course 表和 stu_course 表、teacher 表和 course 表间级联更新。

（4）创建 INSTEAD OF 触发器。

```
USE StuCourseManage
GO
CREATE TRIGGER tr_tea1 ON teacher INSTEAD OF INSERT
AS
SELECT '你添加了一条记录到 teacher 表'
```

功能说明：创建基于 teacher 表 INSERT 语句的替代触发器 tr_tea1。当在 teacher 表中执行 INSERT 语句时，触发器将被触发，在结果框中输出提示信息"你添加了一条记录到 teacher 表"。

当执行命令"insert teacher(tno,tname) values('1','李婷')"时，在结果框中输出如图 3-46 所示的提示信息。

图 3-46　触发 tr_tea1 的结果

思考：上述 INSERT 语句能否在 teacher 表添加记录成功？teacher 表建立了该触发器后能否再使用 INSERT 语句添加记录？命令添加不了，使用图形化方式添加能否成功？

（5）管理触发器。

① 查看触发器。

前面创建的触发器全部是基于数据表的，因此查看此类触发器要展开相应的表，在表节点下再展开"触发器"，就可以查看到当前数据表所属的触发器。图 3-47 所示为 student 表中的触发器。

② 修改触发器。

选中触发器，在右键菜单中选择"修改"命令，如图 3-48 所示，修改触发器会打开命令窗口进行修改。除了修改，也可以选择新建、删除、禁用等操作。

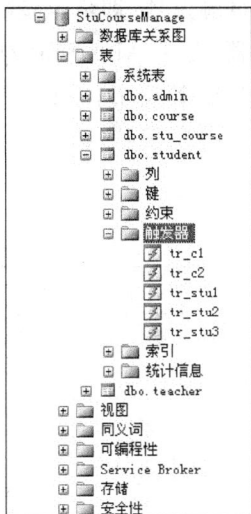

图 3-47　查看 student 表中的触发器　　　　图 3-48　修改触发器

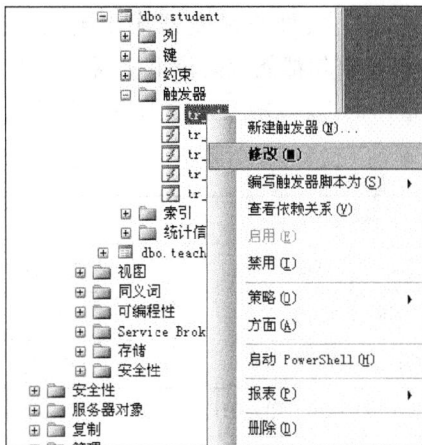

触发器禁用是指让触发器失效,禁止后的触发器可以再启用。

修改触发器的命令为:

```
ALTER TRIGGER 已有触发器名称
ON 表名
{FOR|AFTER|INSTEAD OF} {[INSERT] [,] [UPDATE] [,] [DELETE]}
AS
SQL 语句
```

修改触发器时可以更改触发器类型、触发语句和 SQL 语句,不能改触发器名和触发器所属表名。

③ 删除触发器。

删除触发器的命令为:

```
DROP TRIGGER 触发器名称 [,触发器名称 1…]
```

例如:

```
DROP TRIGGER tr_stu1,tr_stu2,tr_stu3
```

3. 创建 DDL 触发器

DDL 触发器是当执行数据定义语句(CREATE、ALTER、DROP)时才触发,DDL 触发器只有 AFTER 类型,没有 INSTEAD OF 型。

1) 创建 DDL 触发器的命令格式

```
CREATE TRIGGER 触发器名
ON {All Server|DATABASE} {FOR|AFTER} {DDL 触发语句}
AS
SQL 语句
```

说明：ON 关键字后若是 DATABASE，表示数据库级触发器，即将触发器作用到当前数据库，该数据库执行 DDL 触发语句时将触发该触发器；若为 ALL SERVER，表示服务器级触发器，即将触发器作用到当前服务器上，因此当服务器上任何一个数据库的 DDL 触发语句都能激活该触发器。

常用的 DDL 触发语句如表 3-10 所示。

表 3-10　常用的 DDL 触发语句

触 发 语 句	说　　　明	适 用 级 别
CREATE_TABLE	创建表	DATABASE 和 ALL SERVER 级别
ALTER_TABLE	修改表	
DROP_TABLE	删除表	
CREATE_PROCEDURE	创建存储过程	
ALTER_PROCEDURE	修改存储过程	
DROP_PROCEDURE	删除存储过程	
CREATE_TRIGGER	创建触发器	
ALTER_TRIGGER	修改触发器	
DROP_TRIGGER	删除触发器	
CREATE_FUNCTION	创建函数	
ALTER_FUNCTION	修改函数	
DROP_FUNCTION	删除函数	
CREATE_DATABASE	创建数据库	仅 ALL SERVER 级别
ALTER_DATABASE	修改数据库	
DROP_DATABASE	删除数据库	
CREATE_LOGIN	创建登录名	
ALTER_LOGIN	修改登录名	
DROP_LOGIN	删除登录名	

2）示例

```
USE StuCourseManage
GO
CREATE TRIGGER  tr1
ON DATABASE
FOR DROP_TABLE
AS
    PRINT '对不起,您不能对数据表进行操作'
    rollback
```

功能说明：为 StuCourseManage 数据库创建触发器，当遇到 DROP_TABLE 的 DDL 语句时触发该触发器，输出信息并回滚事务。当执行"drop table admin"语句时，输出信息如图 3-49 所示，该触发器会使得不能在数据库中删除表。

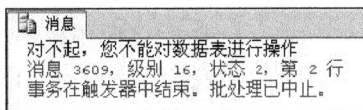

图 3-49　触发数据库触发器 tr1 的结果

```
USE StuCourseManage
GO
CREATE TRIGGER  tr2
ON DATABASE
FOR CREATE_TABLE,ALTER_TABLE
AS
    PRINT '对不起,您不能对数据表进行操作'
    rollback
```

功能说明：该触发器可以保证在数据库 StuCourseManage 中不能创建和修改数据表。

```
CREATE TRIGGER  tr_s1
ON ALL SERVER
FOR CREATE_TABLE,ALTER_TABLE
AS
    PRINT'对不起,您不能在该服务器上创建表和修改表'
    rollback
```

功能说明：该触发器创建成功后，在当前服务器上的任意数据库中都不能创建表和修改表。

```
CREATE TRIGGER  tr_s2
ON ALL SERVER
FOR CREATE_DATABASE
AS
    PRINT '对不起,您不能在该服务器上创建数据库'
    rollback
```

功能说明：该触发器不允许用户在该服务器上创建数据库。

3）查看 DDL 触发器

（1）数据库级触发器。

依次展开数据库的"可编程性"选项中的"数据库触发器"，即可查看当前数据库中的 DDL 触发器，DML 触发器是依附于表的。图 3-50 所示为 StuCourseManage 数据库中的触发器。

在查看到触发器后可以在右键菜单中选择"删除"命令来删除触发器。

（2）服务器级触发器。

依次展开当前服务器的"服务器对象"项中的"触发器"，即可查看到当前服务器中的 DDL 触发器，如图 3-51 所示。

图 3-50 数据库级 DDL 触发器

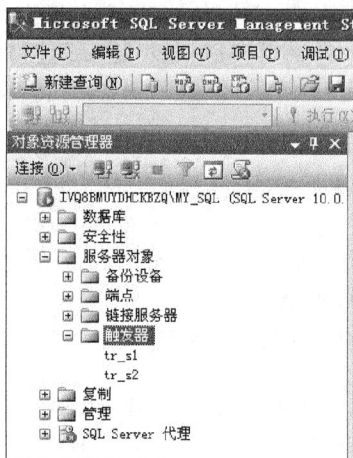

图 3-51 服务器级 DDL 触发器

同样也可以选中触发器后在右键菜单中选择"删除"命令,实现触发器的删除操作。

4)修改 DDL 触发器

修改 DDL 触发器与修改 DML 触发器的命令相同,修改时不能改动触发器所属级别。例如:

```
USE StuCourseManage
GO
ALTER TRIGGER tr1 ON database AFTER CREATE_TABLE
AS
    rollback
```

5)删除 DDL 触发器

删除 DDL 触发器与删除 DML 触发器的命令相同,命令如下:

```
DROP TRIGGER 触发器名
```

3.6.5 用户自定义函数

1. 系统函数

SQL Server 提供了大量的系统函数,用于进行特殊的运算和操作。函数由函数名、参数、圆括号三部分组成,形式为:

函数名(参数 1,参数 2,…)

1)字符串函数

SQL Server 中常用的字符串处理函数如表 3-11 所示。

2)日期和时间函数

SQL Server 中常用的日期和时间处理函数如表 3-12 所示。

数据库开发案例教材

表 3-11 常用的字符串系统函数

函　数	说　明
ASCII()	返回字符表达式最左端字符的 ASCII 码值,纯数字参数可不用单引号界定,否则必须用单引号界定,不界定出错
CHAR()	将 ASCII 码转换为字符,参数值为 0~255,越界返回 NULL
LOWER()	将参数字符串全部转为小写
UPPER()	将参数字符串全部转为大写
STR()	把数值型数据转换为字符型数据
LEN()	求字符串的长度
LEFT(exp,n)	返回字符表达式 exp 从左开始的 n 个字符
RIGHT(exp,n)	返回字符表达式 exp 从右开始的 n 个字符
SUBSTRING(exp,n1,n2)	返回字符表达式 exp 中从 n1 位开始长度为 n2 的子串
LTRIM(exp)	去掉字符表达式 exp 左边的空格
RTRIM(exp)	去掉字符表达式 exp 右边的空格
SPACE(n)	产生 n 个空格
REVERSE(exp)	将字符表达式 exp 逆序
STUFF(exp1,n1,n2,exp2)	在字符表达式 exp1 中的 n1 处开始,删除长度为 n2 的子串,并在 n1 位置处插入字符表达式 exp2
REPLACE(exp1,exp2,exp3)	将字符表达式 exp1 中的所有 exp2 子串用 exp3 替换 如 replace('abcab','ab','1')的结果为'1c1'

表 3-12 常用的日期和时间函数

函　数	说　明
DATEADD(p,n,d)	给日期 d 的 p 部分加上整数 n,其中 p 参数的值较多 如:DATEADD (Day,30,'2013-1-2')的结果为 2013-02-01 　　DATEADD (Month,10,'2013-1-2')的结果为 2013-11-02 　　DATEADD (YEAR,10,'2013-1-2')的结果为 2023-01-02
DATENAME(p,d)	返回日期 d 的 p 部分的值,参数 p 的取值与 DATEADD()中相同,返回值为字符串类型 如:DATENAME(Day,'2013-1-2')的结果为 2 　　DATENAME(WEEKDAY ,'2013-1-2')的结果为星期三 　　DATENAME(WEEK ,'2013-1-20')的结果为 4
DATEPART (p ,d')	返回日期 d 的 p 部分的值,参数 p 的取值与 DATEADD()中相同,返回值为整数 如:DATEPART(WEEKDAY,'2013-1-2')的结果为 4 　　DATEPART(WEEK,'2013-1-20')的结果为 4,表示 1 月的第 4 周 　　DATEPART(MONTH,'2013-1-20')的结果为 1

函　　数	说　　明
DATEDIFF(p,d1,d2)	返回日期 d2 和 d1 之间的差值,并转换为 p 的形式 如:DATEDIFF(day,'2013-4-18','2011-4-26')的结果为-723,表示两个日期之间相差 723 天 　　DATEDIFF(MONTH,'2013-4-18','2011-4-26')的结果为-24,表示两个日期之间相差 24 个月 　　DATEDIFF(week,'2011-4-26','2013-4-18')的结果为 103,表示两个日期之间相差 103 个星期
GETDATE()	返回系统的当前日期和时间
DAY(d)	返回日期 d 的天数部分,结果为整数
MONTH(d)	返回日期 d 的月数部分,结果为整数
YEAR(d)	返回日期 d 的年份部分,结果为整数

3) 数学函数

SQL Server 中常用的数学函数如表 3-13 所示。

表 3-13　常用的数学函数

函　　数	说　　明
ABS(exp)	返回表达式 exp 的绝对值
CEILING(exp)	返回大于或等于表达式 exp 值的最小整数
FLOOR(exp)	返回小于或等于表达式 exp 值的最大整数
PI()	返回 π 的值
POWER(exp,n)	返回表达式 exp 的 n 次幂
RAND()	返回 0~1 之间的随机数
ROUND(exp,n)	返回表达式 exp 四舍五入到 n 位的结果 例如,ROUND(12.135689,-1)的结果为 10,表示四舍五入到十位; 　　ROUND(12.135689,0)的结果为 12,四舍五入到个位; 　　ROUND(12.135689,2)的结果为 12.14,四舍五入到百分位

除了上面列出的几类函数中的常用函数,SQL Server 中提供的函数种类和数量都特别多,具体可参见数据库中"可编程性"中"函数"项下的"系统函数",如图 3-52 所示。若系统函数满足不了用户的需求,可以采用自定义函数来实现功能。

2. 用户自定义函数

1) 创建返回值只有一个值的函数

(1) 语法格式如下:

返回单个数值的函数也叫标量函数,语法格式如下。

```
CREATE FUNCTION  函数名([参数 1 数据类型=默认值[,参数 2
数据类型…]])
RETURNS  返回数据类型
```

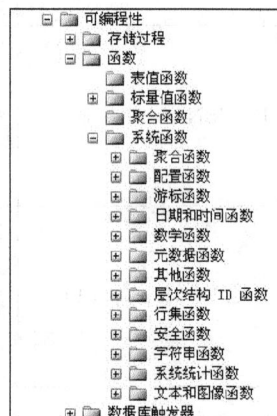

图 3-52　数据库函数

```
BEGIN
函数内容
RETRUN   表达式
END
```

（2）示例如下：

```
CREATE FUNCTION getsname(@xh char(7))
RETURNS varchar(20)
BEGIN
    DECLARE   @xm varchar(20)
    SELECT @xm=sname FROM student WHERE sno=@xh
    RETURN @xm
END
```

功能说明：函数名为 getsname，有一个参数，根据参数的值，返回 student 表中对应 sno 的 sname 值。

```
CREATE FUNCTION age(@xh char(7)='2012001')
RETURNS INT
BEGIN
    declare   @age int
    SELECT @age=YEAR(getdate())-YEAR(birthday) FROM student WHERE sno=@xh
    RETURN @age
END
```

功能说明：根据参数值计算该参数对应 sno 的年龄，参数设置了默认值为 2012001。

（3）函数的调用。

```
select dbo.getsname('2012001')      --用户自定义函数前加 dbo 关键字
```

调用结果如图 3-53 所示。

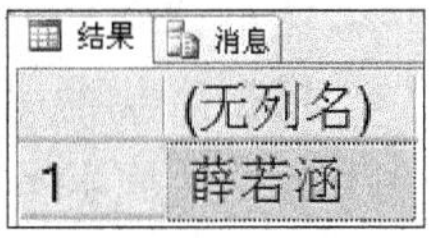

2）创建返回值为表的函数

（1）语法格式如下：

函数返回值为表的函数类型也称为表值函数，语句格式如下。

图 3-53　调用 getsname 函数的执行结果

```
CREATE FUNCTION   函数名([参数1数据类型=默认值[,参数2数据类型…]])
RETURNS TABLE
[AS]
RETRUN   (SELECT 语句)
```

（2）示例如下：

```
CREATE FUNCTION getkc(@xh char(7))
RETURNS TABLE
RETURN(SELECT cname,xs FROM course,stu_course WHERE course.cno=stu_course.cno
AND sno=@xh )
```

(3) 调用。

```
SELECT * FROM  dbo.getkc('2012001')
```

调用语句与标量函数调用方式不同,结果如图 3-54 所示。

	cname	xs
1	网络数据库案例	98
2	网页设计	70
3	C语言	66

图 3-54 调用 getkc 表值函数的执行结果

实验 6 数据查询(一)

【实验目的】

(1) 能够在查询分析器中使用 SELECT 语句实现简单查询。
(2) 通过对 SELECT 的使用,掌握 SELECT 语句的结构及其应用。
(3) 能够使用查询选项实现数据排序、显示部分结果等查询任务。
(4) 能够使用子查询和分组查询实现查询任务。

【实验要求】

(1) 学习完任务 3-1、任务 3-2。
(2) 认真独立完成实验内容。
(3) 根据实验情况填写实验报告。
(4) 完成了实验 4 和实验 5,成功建立了基本表。
(5) 已充分了解 SELECT 语句的基本格式。

【建议实验学时】

4 学时。

【实验内容】

(1) 对 READBOOK 数据库中的读者、图书、借阅三张数据表执行以下查询。实验数据表结构和表数据参见实验 5。

① 查询读者表中的所有信息。

② 查询读者表中的借书证号、姓名、性别信息。

③ 查询所有图书的编号、书名、作者信息。

④ 查询图书表中的编号、书名、作者信息,并将编号列列名显示为"书号"。

⑤ 查询单价大于 30 的图书信息。

⑥ 查询谭浩强作者所编写书籍的书号和书名。

⑦ 查询女同学借书的信息。

⑧ 查询 jim 借书的时间。

⑨ 查询 jim 所借书的书名、作者及单价信息。

⑩ 查询借阅"数据结构"的读者的单位、姓名、性别信息。

⑪ 查询 Lily 借阅的图书的编号、作者信息。

⑫ 查询没有借书的读者的姓名,性别和地址信息。

⑬ 查询没有被借阅的书籍的信息。

⑭ 查询比 Phtoshop 设计书价格高的书的书名、作者、单价信息。

(2) 对 EDUC 数据库中的 stu、course、stu_course、teacher、teacher_course、depar、zy 七张表执行下列基本查询,数据表结构和表数据参见实验 4,有的题目查询结果在表中没有数据支撑,读者可添加符合条件的数据。

① 查询信息工程系学生的学号和姓名。

② 查询有选修记录的学生学号、姓名和性别。

③ 查询选修课程名为"计算机"学生的学号、姓名和成绩,将查询结果按成绩降序排列,如果成绩相同则按学号的升序排列。

④ 查询选修了课程名为"计算机"且成绩在 80～90 分之间的学生学号、姓名和成绩,并将成绩乘以系数 0.75 输出。

⑤ 查询信息工程系和经贸系的姓张的学生的信息。

⑥ 查询缺少了成绩的学生的学号和课程号(即选了课但成绩为空 null)。

⑦ 查询每个学生的基本情况以及他(她)所选修的课程的基本信息。

⑧ 查询"计算机应用"专业学生的基本信息。

⑨ 查询建工系所开设课程的名字及其授课教师信息。

⑩ 查询经贸系学生所选课程的门数。

⑪ 查询机电系学生的人数。

⑫ 查询每个系的系名和学生人数。

实验 7　数据查询(二)

【实验目的】

(1) 能够使用连接查询、子查询、分组查询等方法查询数据。

(2) 能够理解分组、统计、计算和组合的操作方法。

【实验要求】

(1) 学习完任务 3-1、任务 3-2。

(2) 认真独立完成实验内容。

(3) 根据实验情况填写实验报告。

(4) 已掌握子查询、分组查询的使用。

(5) 对多表查询的连接条件可熟练使用。

【建议实验学时】

2 学时。

【实验内容】

在工程-零件数据库中完成以下查询:

(1) 查询要求

① 查询上海供应商的供应商代码和联系电话。

② 查询红色零件的产地规格信息。

③ 查询工程的工程代码、工程名、供应商代码、姓名、颜色、所在城市信息。

④ 查询"赵二"负责的工程的名字、供应商的姓名、零件颜色和数量信息。

⑤ 求供应项目 j4 红色零件的供应商号及名称。

⑥ 求没有使用上海供应商零件的工程代号。

⑦ 查询供应商的代码及其供应的工程的数量。

⑧ 查询工程的代码及其供应商的数量,只显示供应商数量多于 1 的工程的信息。

(2) 数据表结构

工程-零件数据库中的 4 张表的表结构如表 3-14~表 3-17 所示。

表 3-14　供应商

列名	类型	长度	说明	列名	类型	长度	说明
供应商代码	char	4	主键	所在城市	varchar	20	
姓名	varchar	50		联系电话	varchar	20	

表 3-15　工程

列名	类型	长度	说明	列名	类型	长度	说明
工程代码	char	3	主键	负责人	varchar	10	
工程名	varchar	50		预算	varchar	8	

表 3-16 零件

列名	类型	长度	说明	列名	类型	长度	说明
零件代码	char	3	主键	产地	varchar	20	
零件名	varchar	50		颜色	varchar	10	
规格	varchar	10					

表 3-17 供应零件

列名	类型	长度	说明	列名	类型	长度	说明
供应商代码	char	4	主键	零件代码	char	3	主键
工程代码	char	3	主键	数量	int	4	

（3）数据表记录

工程零件数据库中的 4 张表的数据如表 3-18～表 3-21 所示。

表 3-18 供应商

供应商代码	姓名	所在城市	联系电话	供应商代码	姓名	所在城市	联系电话
S1	北京建设	北京	0108888888	S4	上海工商	上海	0218888888
S2	天津机电	天津	0228888888	S5	广州供应	广州	0208888888
S3	重庆建工	重庆	0238888888	S6	上海建设	上海	0216666666

表 3-19 工程

工程代码	工程名	负责人	预算	工程代码	工程名	负责人	预算
J1	工程 1	赵一	150 000	J4	工程 4	李四	80 000
J2	工程 2	钱二	100 000	J5	工程 5	周五	150 000
J3	工程 3	孙三	80 000				

表 3-20 零件

零件代码	零件名	规格	产地	颜色
P1	机箱	大	深圳	红色
P2	主板	集成	深圳	绿色
P3	显卡	独立	香港	蓝色
P4	声卡	集成	天津	红色
P5	网卡	100M	上海	黑色
P6	鼠标	无线	上海	黑色

表 3-21 供应零件

供应商代码	工程代码	零件代码	数量	供应商代码	工程代码	零件代码	数量
S1	J2	P4	50	S4	J5	P1	200
S1	J3	P5	100	S5	J4	P6	100
S2	J2	P6	500	S6	J4	P2	90
S4	J1	P3	150				

实验 8 T-SQL 程序设计

【实验目的】

（1）能够使用流控制语句完成简单程序的编写。
（2）能够使用系统函数。
（3）能够自定义简单的函数，并调用函数。

【实验要求】

（1）学习任务 3-6。
（2）能够认真独立完成实验内容。
（3）根据实验情况填写实验报告。
（4）了解流程控制语句的基本语法格式。
（5）能够用流程控制语句编写简单程序，实现功能。

【建议实验学时】

2 学时。

【实验内容】

（1）如果 stu 表中有入校时间在 2009 年以后的学生，把该学生的学号、姓名和入学时间查询出来，否则输出"没有在 2009 年以后入学的学生"（提示：使用分支流程语句 if…else）。

（2）如果 stu 表中有名叫"李寻欢"的学生，就把他的名字修改为"李探花"，并输出修改前后的学号、姓名、性别信息，否则输出"没有李寻欢这个人，所以你无法修改啦!"。

（3）查询 stu 表，只要有年龄小于 20 岁的学生，就将每个学生的出生日期都加 1 个月，如此循环下去，直到所有的学生的年龄都不小于 20 岁（提示：使用流程控制语句 while）。

（4）使用 while 语句求 1～100 之间的累加和并输出。

（5）定义一个用户自定义的函数 cjzh，将成绩从百分制转换为五级记分制，在查询中使用 cjzh 函数，显示学生的学号、姓名、成绩和五级记分制的成绩。

（6）定义一个用户自定义的函数 tg，能够根据学号，查询学生的成绩，如果学生有不及格的成绩，输出"有不及格的成绩"，否则输出"没有不及格的成绩"。

实验 9　存储过程设计

【实验目的】

（1）能够使用简单的系统存储过程。
（2）能够创建和执行用户自定义存储过程。
（3）能够完成存储过程的修改、删除等管理任务。

【实验要求】

（1）已学习完任务 3-6。
（2）能认真独立完成实验内容。
（3）根据实验情况完成实验报告。
（4）已充分了解存储过程的创建和调用。

【建议实验学时】

2 学时。

【实验内容】

（全部在 EDUC 数据中实现）

（1）在 EDUC 数据库中创建存储过程 proc_1，显示 stu 表中男生的基本信息，并调用此存储过程，显示执行结果。

（2）使用 sp_helptext 查看存储过程 proc_1 的文本。

（3）在 EDUC 数据库中创建存储过程 proc_2，显示男生选课的信息，并调用此存储过程，显示执行结果。

（4）在 EDUC 数据库中创建存储过程 proc_3，实现为 stu 表添加一条记录，记录内容自己定义，并调用此存储过程，显示执行结果。

（5）在 EDUC 数据库中创建存储过程 proc_4，输入性别，产生该性别学生的选课情况列表，其中包括学号、姓名、课程号、课程名、成绩、学分。并调用此存储过程，显示"女"学生的选课情况列表。

（6）在 EDUC 数据库中创建存储过程 proc_5，输入学号，显示该学号对应的学生的姓名、性别、出生日期，所选课程名信息。

（7）修改存储过程 proc_1，改为显示 stu 表中女生的基本信息。

（8）删除 EDUC 数据库中的存储过程 proc_1。

实验 10　触发器设计

【实验目的】

（1）能够理解触发器调用的机制。

（2）能够使用 SQL 命令创建 DML 触发器。

（3）能够完成触发器的修改、删除等管理任务。

【实验要求】

（1）已经学习完任务 3-6。

（2）能认真独立完成实验内容。

（3）根据实验情况填写实验报告。

【建议实验学时】

2 学时。

【实验内容】

（全部在 EDUC 数据中实现）

（1）创建触发器 tr1，实现当修改学生表（stu）中的数据时，显示提示信息"学生表被修改了"。

（2）创建触发器 tr2，实现当修改 stu 表中的姓名字段时，显示提示信息"姓名被修改了！"。

（3）创建触发器 tr3，实现当修改学生表（stu）中的某个学生的学号时，对应选课（stu_course）中的学号也作修改。

（4）对已创建的触发器 tr1 进行修改，实现当修改学生表（stu）中的数据时，显示提示信息为"学生表中***号学生记录被修改了"。

（5）创建触发器 tr4，实现当删除学生表（stu）中的某个学生时，对应选课（stu_course）中的记录也删除。

（6）删除学生表上的触发器 tr1。

项目 **4** "学生选课管理系统"综合开发

【能力要求】

- 能够创建使用 SQL Server 数据库系统的用户并设置 select、insert、update 等权限；
- 能够设计"学生选课管理系统"的首页，并能够完成首页上基本元素的设计；
- 能够使用框架、menu 和 treeview 控件完成页面导航。

【任务分解】

- 任务 4-1 数据库安全管理。
- 任务 4-2 设计并实现"学生选课管理系统"首页。
- 任务 4-3 设计并实现"管理员主页面"。
- 任务 4-4 设计并实现"学生选课页面"。

【教学重难点】

- 创建用户并设置常规权限；
- 超链接、新闻链接和用户控件的制作；
- 页面导航控件的使用。

【自主学习内容】

仿照 www.126.com，完成"邮箱应用系统"主页的设计，同时为邮箱管理员和普通邮箱用户设计并实现管理页面。

任务 4-1 数据库安全管理

4.1.1 SQL Server 2008 的安全措施

1. 3 道安全关卡

（1）用户必须登录到 SQL Server 的服务器实例上。要登录到服务器实例，用户首先要有一个登录账户，即登录名。

（2）在要访问的数据库中，用户的登录名要有对应的用户账号。

（3）数据库用户账号要具有访问相应数据库对象的权限。

2. 两种安全验证机制

Windows 验证机制和 SQL Server 验证机制。

3. 两种身份验证模式

Windows 身份验证模式和混合验证模式。

4.1.2 服务器级安全性

1. 创建登录账户

1）创建使用 Windows 身份验证的登录账户

展开当前服务器下的"安全性"选项中的"登录名"节点，右击选择"新建登录名"命令，如图 4-1 所示。

在"新建登录名"的"常规"选项卡中选择"Windows 身份验证"单选按钮，如图 4-2 所示。

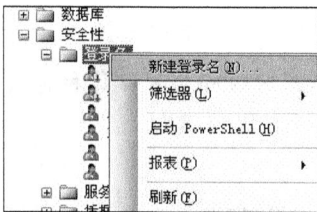

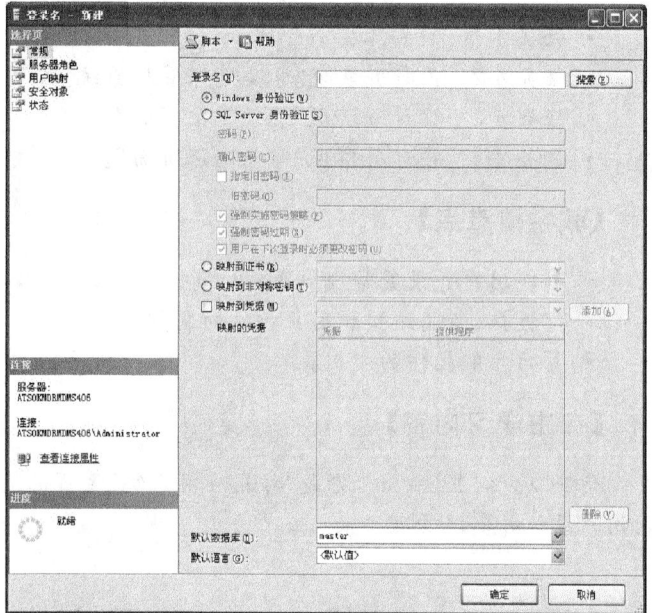

图 4-1 新建登录名　　　　　　　　　　图 4-2 选择身份验证模式

在"新建登录名"的"常规"选项卡中单击"搜索"按钮，出现如图 4-3 所示的"选择用户或组"对话框。

在"选择用户或组"对话框中单击"高级"按钮，出现如图 4-4 所示的对话框。在该对话框中单击"立即查找"按钮，可以搜索到当前系统中的所有用户，并显示在下方的列表框中，可选择列表框中任意未使用的用户名。

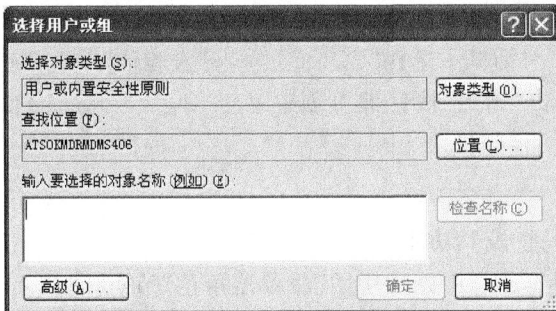

图 4-3　选择用户或组

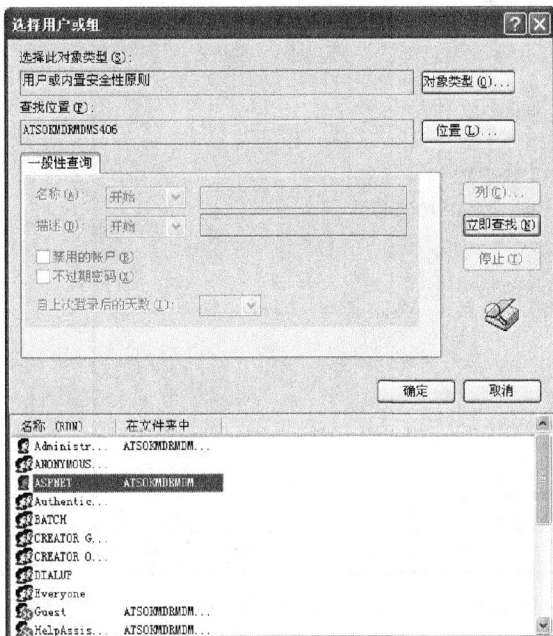

图 4-4　查找并选择用户

选中图 4-4 中的 ASP.NET 名称,单击"确定"按钮后出现如图 4-5 所示的对话框,依次确定后即可成功创建基于"Windows 身份验证"的登录账户。

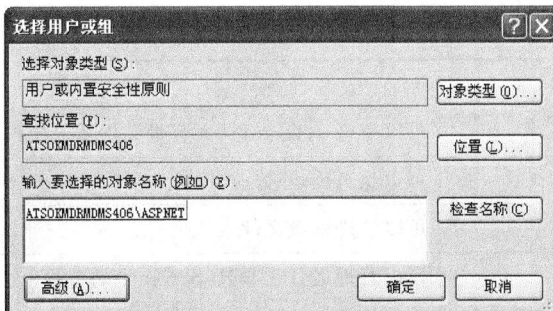

图 4-5　所选用户名称

2) 创建使用 SQL Server 身份验证的登录账户

在"新建登录名"对话框中选择"SQL Server 身份验证"单选按钮,输入用户名 user 和对应密码 123456,单击"确定"按钮即可创建基于"SQL Server 身份验证机制"的登录账户,如图 4-6 所示。

2. 服务器角色

1) 常见服务器角色及其功能

打开当前服务器"安全性"选项中的"服务器角色"节点,可以看到当前服务器中的各种角色,如图 4-7 所示。

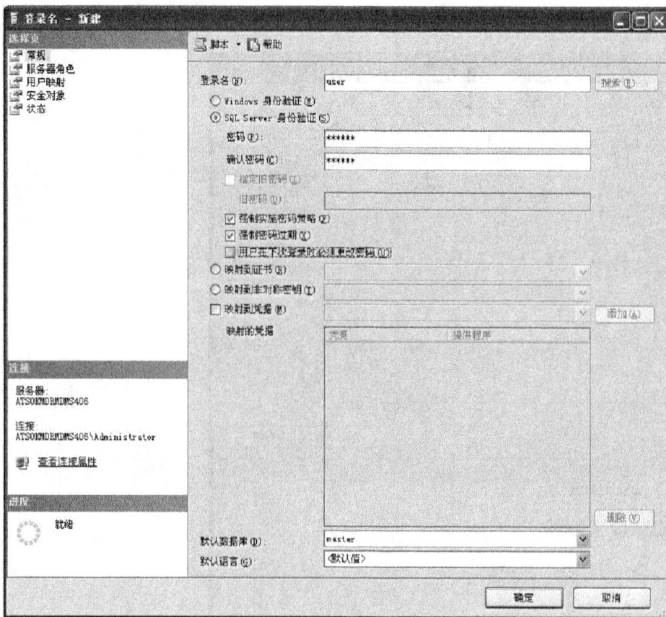

图 4-6 创建 SQL Server 身份验证登录账户

图 4-7 服务器角色

"角色"一词引用自戏曲(每个角色都有自己的特点,对应到数据库中为不同的操作权限),public 角色是每个账户都必须具有的(可以为 public 角色赋予权限,让所有账户都具备统一功能),默认情况下该角色不具备访问用户数据库的权限。服务器各角色及其功能如表 4-1 所示。

表 4-1　服务器角色及功能描述

角　　色	功　　能
bulkadmin	可以执行 bulk insert 大容量数据插入操作
dbcreator	可以执行创建、修改、删除和还原数据库操作
diskadmin	可以管理磁盘文件
processadmin	可以管理运行在 SQL Server 中的进程
securityadmin	可以管理服务器的登录名及其属性

角　　色	功　　能
serveradmin	可配置服务器范围的设置
setupadmin	可以管理扩展的存储过程
sysadmin	可以执行 SQL Server 安装中的任何操作
public	初始时没有权限,因所有登录名都是该角色的成员,可以为该角色赋予权限而统一设置所有用户

2) 设置前面建立的 Windows 认证账户服务器角色为 sysadmin

在当前服务器"安全性"选项的"登录名"节点中选中相应登录名后,在右键菜单中选择"属性"命令,如图 4-8 所示。

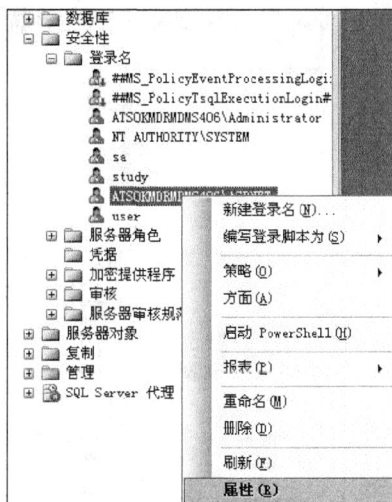

图 4-8　选择用户属性

在"登录属性"中选择"服务器角色"选项卡,并选中 sysadmin 复选框,如图 4-9 所示。

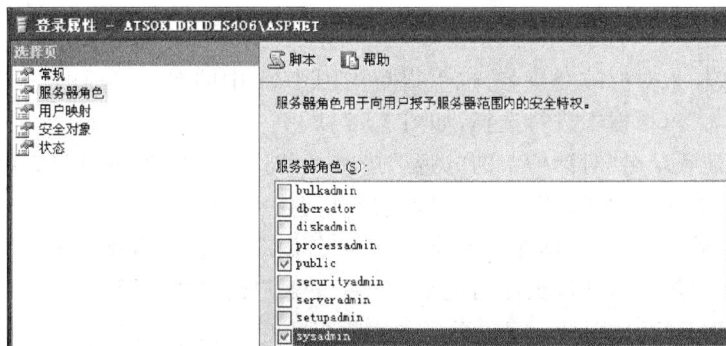

图 4-9　服务器角色选择

4.1.3　数据库级安全性

1. 创建数据库用户

1）创建基于 Windows 身份验证的数据库用户

前面创建的 Windows 身份验证的用户已设置服务器角色 sysadmin，设置此角色的登录账户已默认具备了操作所有系统数据库和用户数据库的所有权限，也可以通过在数据库中建立用户的方式重新配置登录账户的操作权限。

展开本书项目数据库 StuCourseManage，展开"安全性"选项，在"用户"节点处右击，在弹出的快捷菜单中选择"新建用户"命令，如图 4-10 所示。

在"新建数据库用户"对话框中输入用户名 yh，如图 4-11 所示。

图 4-10　新建数据库用户　　　　　图 4-11　输入数据库用户名

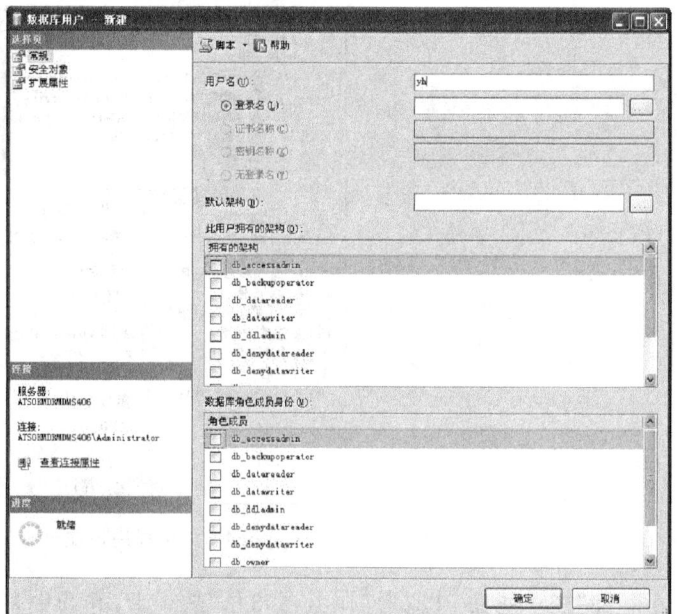

可以直接输入对应的登录名，也可以单击图 4-11 中的登录名后的"…"按钮，在出现的"选择登录名"对话框中进行选择，如图 4-12 所示。

单击"新建登录名"对话框中的"浏览"按钮，出现"查找对象"对话框，在"查找对象"对话框中选中前面建立的 ASPNET 登录名前的复选框，如图 4-13 所示。

依次确定后，即可在数据库中创建与"登录名账户"对应的数据库用户，此时可以通过配置数据库用户的架构和数据库角色来管理登录账户的操作权限。

2）创建基于 SQL Server 身份验证的数据库用户

在"创建数据库用户"对话框中输入用户名 yh1，直接输入前面建立的 SQL Server 身份验证的登录账户名 user（也可以通过按钮选择），如图 4-14 所示，确定后，即可在数据库中创建基于 user 登录账户的数据库启用 yh1。

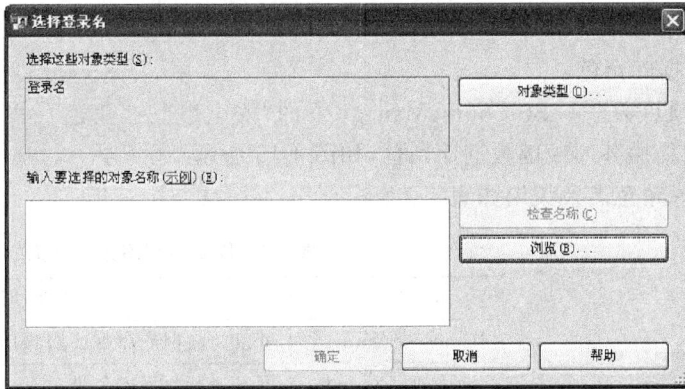

图 4-12　选择登录名

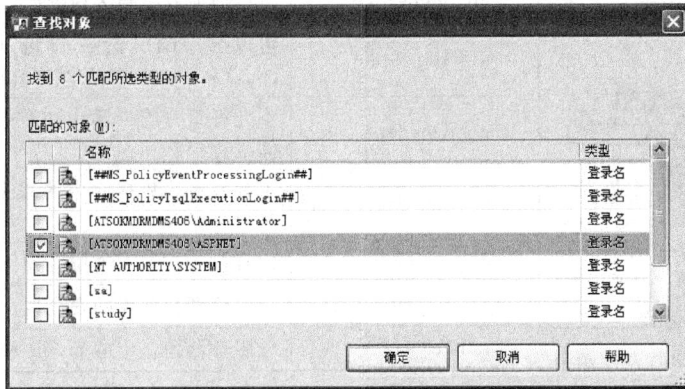

图 4-13　选择登录名对象

图 4-14　创建基于 SQL Server 身份验证的数据库用户

2. 数据库角色

1）固定数据库角色

展开本书项目数据库 StuCourseManage 下的"安全性"→"角色"→"数据库角色"选项，可以查看当前服务器中的数据库角色，如图 4-15 所示。

固定数据库角色名及说明如表 4-2 所示。

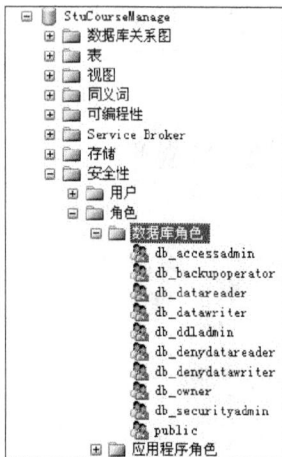

图 4-15 固定数据库角色

表 4-2 固定数据库角色一览表

角 色 名	功 能 说 明
db_accessadmin	可以向数据库添加或删除用户
db_backupoperator	可以执行数据库备份
db_datareader	可以读取所有数据表中的全部数据
db_datawriter	可以向所有表写入数据库
db_ddladmin	可以执行 DDL 命令，即可以执行 CREATE、ALTER、DROP 来创建、修改和删除数据库对象
db_denydatareader	不允许查看数据库中的数据，但允许通过存储过程查看
db_denydatawriter	不允许更改数据库中的数据，可以通过存储过程来修改
db_owner	拥有执行数据库中所有操作的权限
db_securityadmin	可以管理数据库的安全性
public	与服务器角色中的 public 相似

2）用户自定义数据库角色

用户自定义数据库角色是指由用户自己创建角色，用于执行特定的操作。在数据库的"安全性"下的角色中选择"数据库角色"后，在右键菜单中选择"新建数据库角色"命令，在弹出"新建数据库角色"对话框的"常规"选项卡角色名称中输入角色名 stu_insert，再选择"安全对象"选项卡，如图 4-16 所示。

在"安全对象"选项卡中单击"搜索"按钮，弹出"添加对象"对话框，选择"特定对象"单选按钮，如图 4-17 所示。

在"添加对象"对话框中单击"确定"按钮，弹出"选择对象"对话框，如图 4-18 所示。

在"选择对象"对话框中单击"对象类型"按钮，在弹出的"选择对象类型"对话框中选中"表"复选框，如图 4-19 所示。

单击"确定"按钮后，返回到"选择对象"对话框，在对话框中单击"浏览"按钮，在弹出的"查找对象"对话框中选中 student 表，如图 4-20 所示。

单击"确定"按钮后返回到"选择对象"对话框，如图 4-21 所示。

单击"确定"按钮后返回到"新建数据库角色"对话框，在对话框中的权限项下选择授予"插入"、"更改"前的复选框，如图 4-22 所示。"插入"权限表示该角色可以在 student 表中插入记录，"更改"表示可以更改 student 表的结构，若选择"更改"下的"更新"权限，则可以更新 student 表的记录。

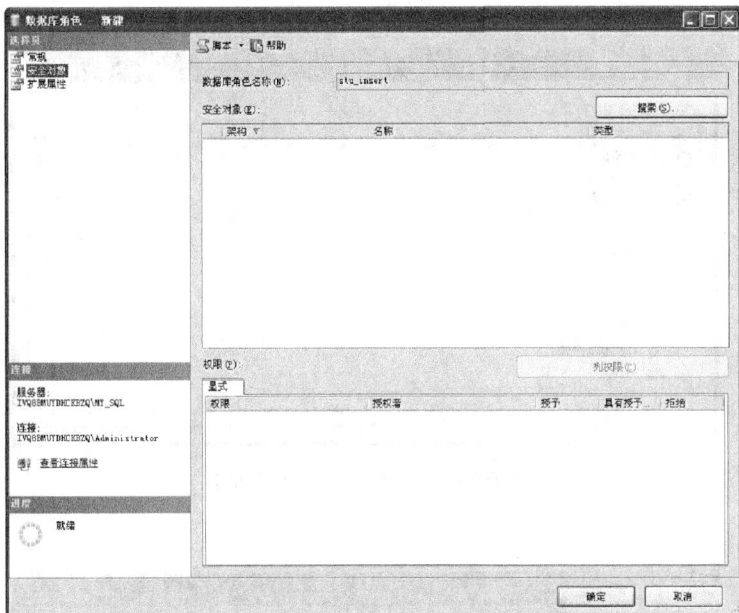

图 4-16　新建角色的"安全对象"选项卡

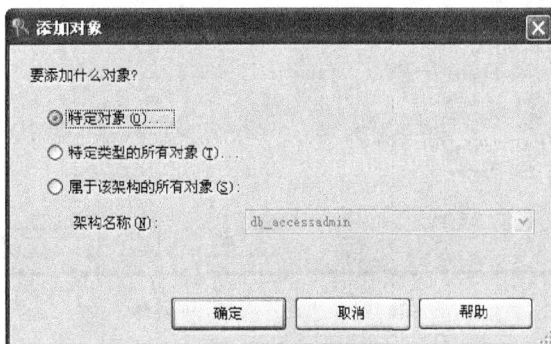

图 4-17　"添加对象"对话框

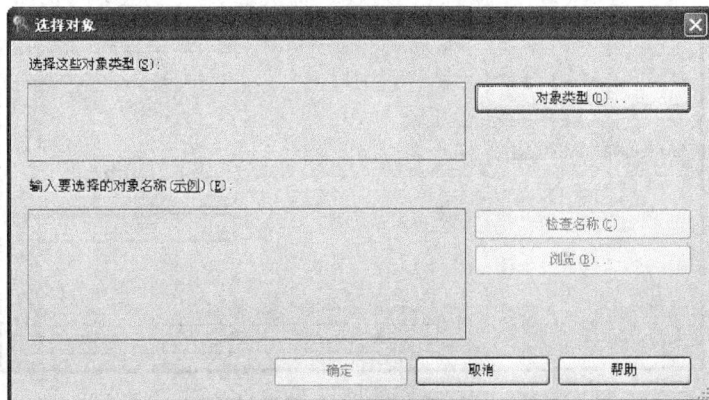

图 4-18　"选择对象"对话框

图 4-19 "选择对象类型"对话框

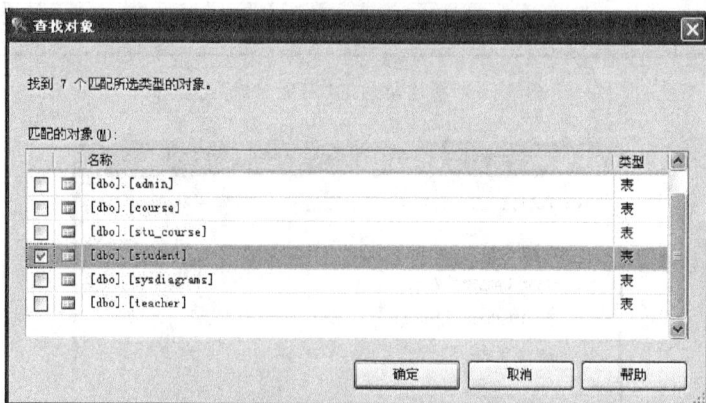

图 4-20 "查找对象"对话框

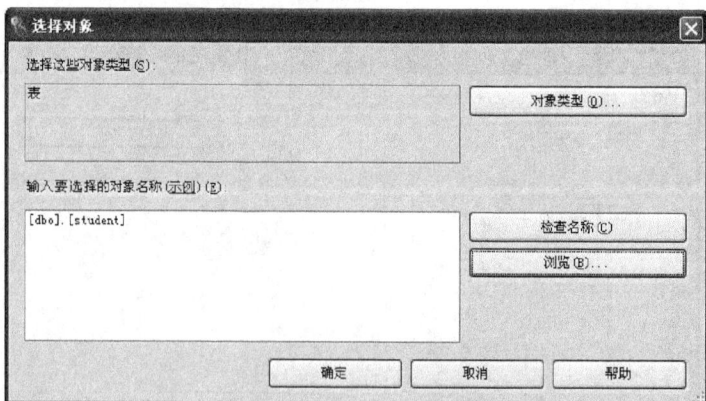

图 4-21 "选择对象"设置

数据库开发案例教材

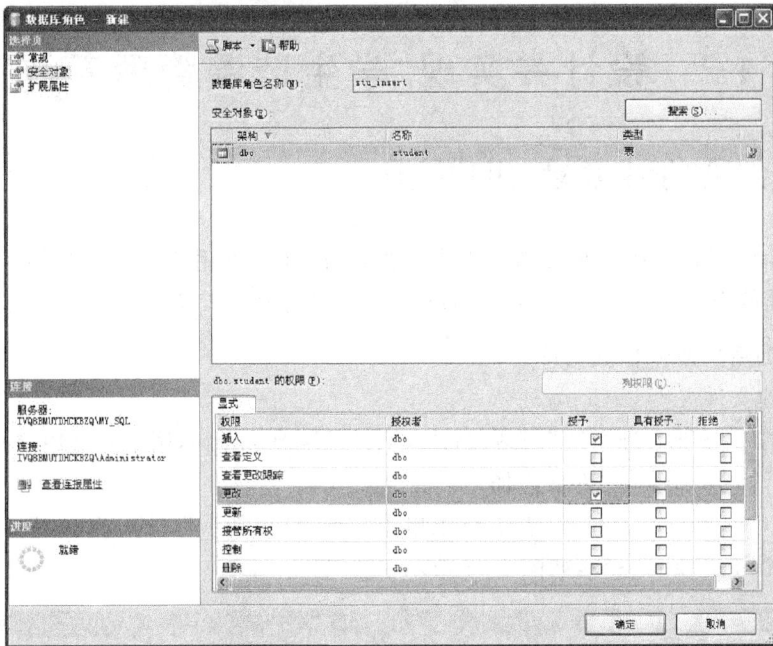

图 4-22　设置新建角色的权限

确定后就可以创建角色成功。用户自定义角色也可以像固定数据库角色一样赋予数据库用户。

4.1.4　权限

权限是数据库安全管理最细致的一项,常用的权限如表 4-3 所示。

表 4-3　常用的权限

安全对象	权　限
数据库	CREATE DATABASE、CREATE DEFAULT、CREATE FUNCTION、CREATE PROCEDURE、CREATE VIEW、CREATE TABLE、CREATE RULE、BACKUP DATABASE、BACKUP LOG
表	SELECT 、DELETE、INSERT、UPDATE、REFERENCE、ALTER TABLE
表值函数	SELECT 、DELETE、INSERT、UPDATE、REFERENCE
视图	SELECT 、DELETE、INSERT、UPDATE、REFERENCE、ALTER VIEW
存储过程	DELETE、EXECUTE

权限的主要操作有授予、具有授予和拒绝。这些操作本书不再讲解。

任务 4-2　设计并实现"学生选课管理系统"首页

4.2.1　创建"学生登录"用户控件

Visual Studio 2010 中除了提供服务器控件外,还允许用户自定义控件。任务 3-5 中实现了管理员用户登录,本节将定义用户控件,实现学生用户登录。

1. 添加用户控件 StuLogin

1) 新建文件夹 UserControl

打开"学生选课管理系统"网站,新建文件夹 UserControl,用于存储用户控件。

2) 为 UserControl 文件夹添加用户控件

选中 UserControl 文件夹,在右键菜单中选择"添加新项"命令,选择 Web 用户控件,输入文件名 StuLogin.ascx,如图 4-23 所示。

图 4-23　添加用户控件

2. 设计 StuLogin.ascx 页面

选择 StuLogin.ascx 用户控件的设计视图,页面布局如图 4-24 所示。

3. 各控件属性

窗体上各控件 ID 及部分属性如表 4-4 所示。

4. 修改 student 表结构

StuLogin.ascx 是为了实现 student 表中用户的登录,现以 sno 字段值为用户名,密

图 4-24　页面布局

表 4-4　StuLogin 各控件属性

控 件 ID	属　　性	值	说　　　明
TextBox1	MaxLength	7	输入用户名
TextBox2	MaxLength	16	输入密码
	TextMode	Password	密码以掩码显示
TextBox3	MaxLength	0	输入验证码
Label1	Text		用于显示产生的随机验证码
Button1	Text	登录	实现登录
Button2	Text	取消	清空输入内容并更新验证码

码字段需要添加新字段。登录 SQL Server 2008 服务器，执行如下命令。

```
USE StuCourseManage
ALTER TABLE student ADD password VARCHAR(16)      --为 student 表添加字段
GO
UPDATE student SET password=sno                   --修改 password 字段值与 sno 字段值相同
```

5．编写代码

1）产生验证码

双击页面空白处，展开页面的 Load 事件，编写代码如下。

```
protected void Page_Load(object sender, EventArgs e)
    {
        if (IsPostBack==false)
            Label1.Text=Yzm.CreateYzm(5);       //产生长度为 5 的验证码
    }
```

2）编写"登录"按钮 Click 事件代码

先在引用处添加引用"using System. Data;"，再双击"登录"按钮，打开按钮的 Click 事件，编写代码如下。代码与任务 3-5 中的登录代码相似，仅修改了用户名和密码字段取值的来源。

```
protected void Button1_Click(object sender, EventArgs e)
    {
        string sqltext="SELECT sno,password,sname FROM student WHERE sno=
        '"+TextBox1.Text+"'";
        DataTable table=new DataTable();
        ConnSql cn=new ConnSql();
        table=cn.RunSqlReturnTable(sqltext);
        if (TextBox1.Text=="")
            WebMessage.Show("请输入用户名");
        else if (TextBox2.Text=="")
            WebMessage.Show("请输入密码");
        else if (TextBox3.Text=="")
            WebMessage.Show("请输入验证码");
        else
        {
            if (table.Rows.Count<=0)
                WebMessage.Show("用户名错误!");
            else if (table.Rows[0][1].ToString().Trim() !=TextBox2.Text)
                WebMessage.Show("密码错误!");
            else if (TextBox3.Text.Trim().ToUpper() !=Label1.Text.ToUpper())
                WebMessage.Show("验证码错误!");
            else
            {
                //保存登录的用户的用户名、密码和姓名到 Session 对象
                Session["username"]=table.Rows[0][0].ToString();
                Session["password"]=table.Rows[0][1].ToString();
                Session["sname"]=table.Rows[0][2].ToString();
                //页面转向 stu 文件夹中的 UpdateStu.aspx 页面
                Response.Redirect("stu/UpdateStu.aspx");
            }
        }
    }
```

3）编写"取消"按钮的 Click 事件代码

双击"取消"按钮，展开 Click 事件，编写代码如下。

```
protected void Button2_Click(object sender, EventArgs e)
    {
        TextBox1.Text="";
        TextBox2.Text="";
        TextBox3.Text="";
        Label1.Text=Yzm.CreateYzm(5);
    }
```

数据库开发案例教材

4.2.2 首页设计

1. 添加首页

首页是用户打开网站所看到的第一个页面,首页通常用 default、index 来命名。

为"学生选课管理系统"网站添加名为 Index.aspx 的 Web 窗体。

2. 设置页面背景

页面上各种控件的大小是一定的,常用的单位有像素、厘米等,而每台计算机显示器的屏幕分辨率不同。当屏幕分辨率大于控件时,页面上就会出现白色区域(因为页面背景默认为白色),此时可以设置页面背景以填充这些白色区域。

1)为网站添加文件夹 images

为网站添加文件夹 images,用于保存网站图片。

添加 bg.gif 图片到 images 文件夹,用于页面背景资源。

2)设置页面背景

打开 Index.aspx 页面的源视图,编辑 body 节点如下,即可设置页面背景。

```
<body style="background-image: url(images/bg.gif); margin-top :0px; ">
```

margin 用于设置外边距属性,margin-top 指的是上边距,值为 0 像素,可以让页面上面没有空白区域。margin 共有 margin-top、margin-left、margin-bottom 和 margin-right 四个取值,分别用于设置上、左、下、右四个边缘的距离。

3. 用表格实现页面布局

Web 窗体在添加控件时不能随意放置,要排列控件可以使用层和表格来分割页面,通常选择表格控件 table 分割页面。

1)添加表格控件

在 Index.aspx 页面的"设计"视图下,选择"表"菜单下的"插入表"命令。设置属性如图 4-25 所示,3 行 3 列,宽度为 1001 像素,高度为 730 像素,背景颜色设置为白色"♯FFFFFF"。

2)设置首行图片

选中表格第一行的 3 个单元格,在右键菜单中选择"修改"→"合并单元格"命令,将第一行的 3 个单元格合并为 1 个。

向 images 文件夹添加图片 index.jpg,该图片的宽度为 1001px,高度为 203px。

将光标定位在第一行的单元格,在属性面板中选择 style 属性后的"…"按钮,在打开的"修改样式"对话框中选择"背景"选项卡,单击 background-image 后的"浏览"按钮,选择 images 文件夹中的 index.jpg 图片,设置 background-repeat 属性为 no-repeat,如图 4-26 所示。

设置表格第一行的 Height 属性值为 203px。

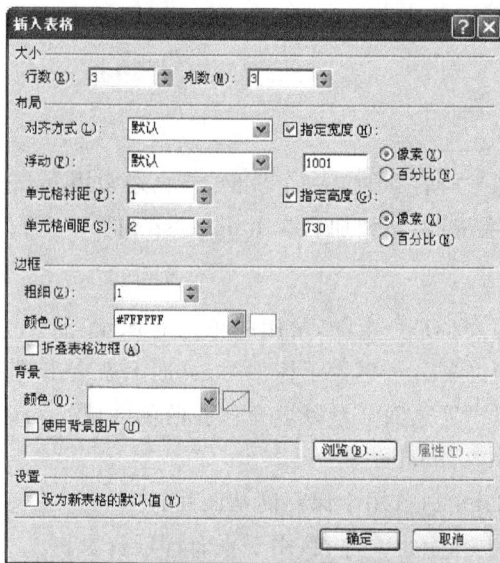

图 4-25 为 Index.aspx 添加表格

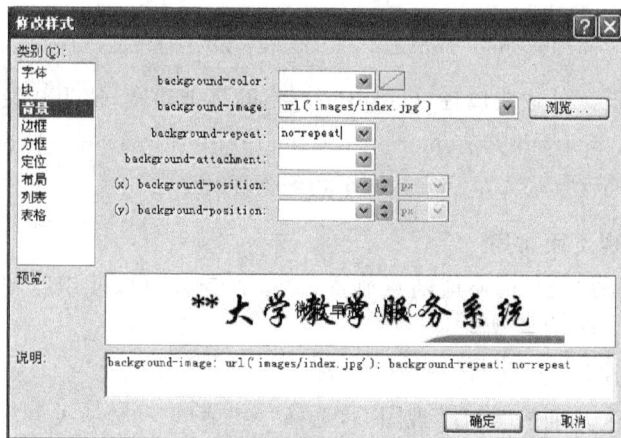

图 4-26 设置单元格样式

4. 图片新闻的制作

在各类网站的首页上，可以看到图片新闻，图片新闻的基本样式如图 4-27 所示。本节将创建一个用于显示图片新闻的用户控件。

1）创建用户控件 News.ascx

为文件夹 UserControl 添加新项，选择"Web 用户控件"，输入文件名为 News.ascx。

2）添加图片新闻素材到 images 文件夹

作者从网络上下载了 5 幅图片作为图片新闻的素材，将其依次命名为 n1.jpg～n5.jpg，添加到

图 4-27 图片新闻的基本样式

网站图片素材文件夹 images 中。

3）编写实现图片新闻的 JS 代码

实现网站特效最常用的方法是编写 JS 代码实现，需要熟悉基本的 JavaScript 语言，熟悉 Java 语言基本语句格式和过程的创建。

打开 News.ascx 文件的源视图，编写如下代码。

```
<%@ Control Language="C#" AutoEventWireup="true" CodeFile="News.ascx.cs"
Inherits="UserControl_News" %>
<!--下面的 style 用于设置图片新闻下的数字序号的样式-->
<style>#g_div{text-align:right;overflow:hidden}
.b{width:24px; height:16px; background:#737373; font-size:14px;
font-weight:bold; color:#fff; text-decoration:none;margin-left:1px}
.b:hover{width:24px; height:16px; background:#780001; font-size:14px;
font-weight:bold; color:#fff; text-decoration:none;margin-left:1px}
.bhover{width:24px; height:16px; background:#780001; font-size:14px;
font-weight:bold; color:#fff; text-decoration:none;margin-left:1px}
</style>
<!--下面的 div 及 img 用于实现图片新闻的主体,链接是单击图片时要链接的网站,也可以
是本网站的资源-->
<div id="g_div" style="width:270px;height:252px">
  <a href="#" target="_blank">
  <img id="g_img"
  style=" border-right :green 1px solid; border-top:green 1px solid; FILTER:
revealTrans(duration=1,transition=23);
      border-left:green 1px solid; width:266px; border-bottom:green 1px solid;
height:220px"
      src="images/n1.jpg"/></a>
  <a href="http://www.baidu.com/" for="images/n1.jpg" target="_blank">
新闻 1</a><a href="http://www.126.com/" for="images/n2.jpg" target=
"_blank">新闻 2</a>
  <a href="http://www.lvtc.edu.cn/" for="images/n3.jpg" target="_blank">新闻 3
</a>
  <a href="http://www.qq.com/" for="images/n4.jpg" target="_blank">新闻 4</a>
  <a href="http://www.baidu.com/" for="images/n5.jpg" target="_blank">新闻 5
</a>
</div>
<!--下方是实现图片新闻的 JS 代码 -->
<script language="JavaScript" type="text/javascript">
  function f() {
      var g_sec=3                      //设置图片切换的速度,单位为秒
      var g_items=new Array()          //定义数组
      var g_div=document.getElementById("g_div")
      var g_img=document.getElementById("g_img")
      var g_imglink=g_img.parentElement
```

```
var arr=g_div.getElementsByTagName("A")
var arr_length=arr.length
var g_index=1
var show_img=function (n) {
    if (/\d+/.test(n)) {
        var prev=g_index+1
        g_index=n -1
    }
    else {
        var prev= (g_index >arr.length)?(arr_length -1) : g_index+1
        g_index= (g_index<arr_length -2)? (++g_index) : 0
    }
    if (document.all) {
        g_img.filters.revealTrans.Transition=23;
        g_img.filters.revealTrans.apply();
        g_img.filters.revealTrans.play();
    }
    arr[prev].className="b"
    arr[g_index+1].className="bhover"
    g_img.src=g_items[g_index].img.src
    g_img.title=g_items[g_index].txt
    g_imglink.href=g_items[g_index].url
    g_imglink.target=g_items[g_index].target
}
for (var i=1; i<arr_length; i++) {
    g_items.push({txt: arr[i].innerHTML,
        url: arr[i].href,
        target: arr[i].target,
        img: (function () {var o=new Image; o.src=arr[i].
        getAttribute("for"); return o})()
    })
    arr[i].title=arr[i].innerHTML
    arr[i].innerHTML=[i, " "].join("")
    arr[i].className="b"
    arr[i].onclick=function () {
        event.returnValue=false;
        show_img(event.srcElement.innerText)
    }
}
show_img(1)
var t=window.setInterval(show_img, g_sec * 1000)
g_img.onmouseover=function () {window.clearInterval(t)}
g_img.onmouseout=function () {t=window.setInterval(show_img,
g_sec * 1000)}
```

数据库开发案例教材

```
        }
        window.attachEvent("onload", f)
    </script>
```

4）添加图片新闻到 Index.aspx 页面

打开 Index.aspx 的设计视图,选择表格中的第 2 行第 1 列单元格,拖曳 News.ascx 控件到该单元格,即可将用户定义的控件添加到页面中。

或在 Index.aspx 页面的源中添加如下代码也可实现添加用户控件到页面。

（1）＜html＞标记之前编写如下代码:

```
<%@Register src="UserControl/News.ascx" tagname="News" tagprefix="uc1" %>
```

（2）表格的第 2 行第 1 列单元格标记中编写如下代码:

```
<uc1:News ID="News1" runat="server" />
```

实现图片新闻的方法有很多,参见"学生选课管理系统"代码库,在 UserControl 文件夹中有 News1.ascx 控件实现了另外一种形式的图片新闻,基本原理相同。图片新闻加入到首页后预览效果如图 4-28 所示。

5. 添加学生登录控件到首页

打开 Index.aspx 的设计视图,选择表格的第 2 行的第 2 个单元格,从网站的 UserControl 文件夹中拖曳 StuLogin.ascx 用户控件到该单元格,效果如图 4-29 所示。

图 4-28　图片新闻效果

图 4-29　学生登录效果

6. 制作滚动文字新闻

1）添加 gdwz.ascx 用户控件

为文件夹 UserControl 添加名为 gdwz.ascx 的用户控件。

2）编写 JS 代码

打开"gdwz.ascx"文件的源视图,编写代码如下。

```
<%@Control Language="C#" AutoEventWireup="true" CodeFile="gdwz.ascx.cs"
Inherits="gdwz" %>
```

```
<marquee id="a"
ONmouseover=a.stop()
  style="font-size: 12pt; color: white"
  onmouseout=a.start() scrollamount="2" direction="up" width="150" bgcolor=
  "#ffffff" height="150">
<div align="left" >
    <a href="http://www.baidu.com">百度搜索链接</a><br />
    <a href="http://www.126.com">126邮箱链接</a><br/>
    <a href="http://www.163.com">网易邮箱链接</a><br/>
    <a href="http://www.chinaedu.edu.cn">中国教育网链接</a><br/>
    <a href="http://www.tup.tsinghua.edu.cn">清华大学出版社链接</a><br/>
</div>
</marquee>
```

3）添加滚动文字新闻到 Index.aspx 页面

打开 Index.aspx 的设计视图，将光标定位在表格的第
2 行第 3 列单元格，拖动 gdwz.ascx 用户控件到该单元格，
效果如图 4-30 所示。

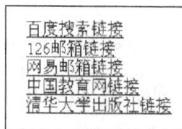

图 4-30　滚动文字新闻效果

7. 制作滚动图片新闻

1）添加 gdNews.ascx 用户控件

为文件夹 UserControl 添加名为 gdNews.ascx 的用户控件。

2）编写 JS 代码

打开"gdNews.ascx"文件的源视图，编写代码如下。

```
<%@Control Language="C#" AutoEventWireup="true" CodeFile="gdNews.ascx.cs"
Inherits="UserControl_gdNews" %>
<div id="fx_gun_left" style="overflow:hidden;width:750px;white-space: nowrap;">
  <table cellpadding="0" cellspacing="0" border="0">
<tr><td id="fx_gun_left1" valign="top" align="center" style="height: 164px" >
<table cellspacing="0" border="0" style="border-collapse: collapse">
<tr align="center">
<td><img alt="教学新闻 1" src="images/n1.jpg" width="201" height="139"
id="IMG2" style=" border-right: #6699cc 2px solid; border-top: #6699cc 2px
solid; border-left: #6699cc 2px solid; border-bottom: #6699cc 2px solid;">
</td>
<td><a href="http://www.lvtc.edu.cn">
<img src="images/n2.jpg" alt="教学新闻 2" width="207" height="139"
style=" border-right: #6699cc 2px solid; border-top: #6699cc 2px solid;
border-left: #6699cc 2px solid; border-bottom: #6699cc 2px solid;"></a></td>
<td><img src="images/n3.jpg" alt="教学新闻 3" width="207" height="139"
style=" border-right: #6699cc 2px solid; border-top: #6699cc 2px solid;
border-left: #6699cc 2px solid; border-bottom: #6699cc 2px solid;"></td>
<td><img src="images/n4.jpg" alt="教学新闻 4" width="207" height="139"
```

```
style=" border-right: #6699cc 2px solid; border-top: #6699cc 2px solid;
border-left: #6699cc 2px solid; border-bottom: #6699cc 2px solid;"></td>
<td><img src="images/n5.jpg" alt="教学新闻 5" width="207" height="139"
style=" border-right: #6699cc 2px solid; border-top: #6699cc 2px solid;
border-left: #6699cc 2px solid; border-bottom: #6699cc 2px solid;"></td>
</tr>
</table>
</td>
<td id="fx_gun_left2" valign="top" style="height: 0px"  ></td>
</tr>
</table>
</div>
< script language="javascript"  type="text/jscript" >
    var speed=10                                    //设置滚动速度,数值越大速度越慢
    fx_gun_left2.innerHTML=fx_gun_left1.innerHTML
    function Marquee3() {
        if (fx_gun_left2.offsetWidth - fx_gun_left.scrollLeft<=0)
            fx_gun_left.scrollLeft -=fx_gun_left1.offsetWidth
        else {
            fx_gun_left.scrollLeft++
        }
    }
    var MyMar3=setInterval(Marquee3, speed)
    fx_gun_left.onmouseover=function () {clearInterval(MyMar3)}
    fx_gun_left.onmouseout=function () {MyMar3=setInterval(Marquee3, speed)}
    function IMG1_onclick() {}
</script>
```

3）添加滚动图片新闻到 Index.aspx 页面

打开 Index.aspx 的设计视图,将光标定位在表格的第 2 行中某个单元格,从菜单栏中选择"表"→"插入"→"下面的行"命令,为表格增加一行,此时首页上的表格就有 4 行,将第三行合并为一行。拖曳 gdNews.ascx 用户控件到该单元格,效果如图 4-31 所示。

图 4-31　滚动新闻效果

8. 制作状态栏

状态栏要在多个页面中使用,因此将状态栏制作成用户控件形式。

1）创建 Bottom.ascx 用户控件

为 UserControl 文件夹添加名为 Bottom.ascx 的用户控件,编写源代码如下。

```
<%@ Control Language="C#" AutoEventWireup="true" CodeFile="Bottom.ascx.cs"
Inherits="UserControl_Bottom" %>
<table style="font-size: 9pt; width :1001px; height :116px; background-image:
url(../images/底部.jpg); background-repeat :no-repeat"  align="left"
cellpadding="0" cellspacing="0">
<tr>
<td align="center" style="height: 30px; background-color: gainsboro;" >
友情链接：
<a href="http://www.chinaedu.edu.cn/" style="font-size: 9pt;text-decoration:
none; color: black;">中国教育网</a>
 <a href="http://www.ahedu.gov.cn/"  style="font-size: 9pt;text-decoration:
none; color: black;">安徽教育网</a>
 <a href="http://www.tsinghua.edu.cn/publish/th/index.html"  style="font-
size: 9pt;text-decoration:none; color: black;">清华大学</a>
 <a href="http://www.tup.tsinghua.edu.cn/"  style="font-size: 9pt;text-
decoration:none; color: black;">清华大学出版社</a>
 <a  href="Login.aspx" target="_blank"  style="font-size: 9pt;text-
decoration:none; color: black;">管理员入口</a>
</td>
    </tr>
<tr>
<td align="center" valign="top" style="border-top: #ffcc99 2px ridge;
background-color: lightgrey;" >
                   
数据库案例与应用开发技术 服务热线：(010)12345678          
     <br />
        服务邮箱：wh0115140@126.com<br />
     CopyRight©  数据库应用技术开发小组
    </td>
</tr>
</table>
```

2）将 Bottom.ascx 控件添加到 Index.aspx 页面

将 Index.aspx 最外层 table 的最后一行 3 个单元格合并，然后拖曳 Bottom.ascx 控件到该单元格，效果如图 4-32 所示。

图 4-32　状态栏效果

3）首页预览

经过上述设置，首页在浏览器中查看结果如图 4-33 所示。

图 4-33　首页预览效果

任务 4-3　设计并实现"管理员主页面"

4.3.1　页面导航控件

1. Menu 控件

Menu 控件是以菜单形式实现页面导航功能，可以为 ASP.NET 网页开发静态和动态显示的 Menu 菜单，也可以在 Menu 控件中直接配置其内容，还可以通过为控件绑定数据源的方式指定内容。

Menu 控件由一个个的菜单项 MenuItem 组成，常用属性如表 4-5 所示。

表 4-5　MenuItem 的常用属性

属　性　名	介　　　　绍
Text	菜单的文本
TooTip	鼠标停留菜单项时的提示文字
Value	保存不显示的额外数据（如某些程序需要用到的 ID）
NavigateUrl	单击菜单项要链接的 url
Target	设置链接的目标窗口或框架
Selectable	如果为 false，菜单项不可用
ImageUrl	菜单项旁边的图片
PopOutImageUrl	菜单项包含子项，显示在菜单项旁的图片，默认是一个小的实心箭头
SeparatorImageUrl	菜单项下面显示的图片，用于分隔菜单项

2. TreeView 控件

TreeView 控件以分级视图形式实现页面导航,如同 Windows 里的资源管理器目录,用法与 Menu 控件相似。

4.3.2　设计并实现管理员主页面

1. 添加管理员主页面

为"学生选课管理系统"网站添加名为 Index_Admin.aspx 的 Web 窗体,为当前窗体添加一个 3 行 2 列的表格控件,在第 2 行第 2 列添加一个框架控件 iframe,添加 iframe 控件需要在源中编写代码。

```
<iframe name= "mainframe" height= "500px" width= "800px"></iframe>
```

2. 添加 Menu 控件

合并 Index_Admin.aspx 窗体中表格的第一行,从工具箱的"导航"选项下拖曳 Menu 控件到第一行,导航控件如图 4-34 所示。

选中添加到页面中的 Menu 控件,单击控件旁边的">"按钮,在弹出的"Menu 任务"中选择"编辑菜单项"命令,如图 4-35 所示。

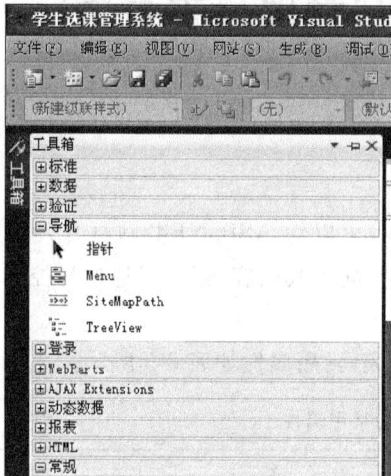

图 4-34　导航控件

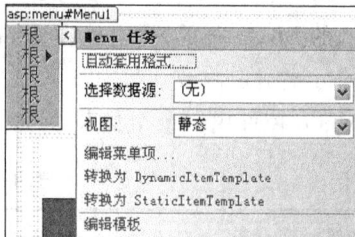

图 4-35　编辑 Menu 控件菜单项

在"菜单项编辑器"对话框中,单击"添加根项"按钮 添加一项,在"属性"区域中,设置 Text 、NavigateUrl、Target 属性,后续菜单也通过该按钮添加;添加了若干个菜单项之后,可以通过选中某项并单击以下按钮来调整其顺序和缩进:"在同级间将项上移"按钮 、"在同级间将项下移"按钮 、"使所选项成为其父级的同级"按钮 、"使所选项成为其前一个同级的子级"按钮 或"移除项"按钮 。

Menu 控件的菜单项如图 4-36 所示。

各菜单项的属性如表 4-6 所示。

　　　　　　　　　数据库开发案例教材

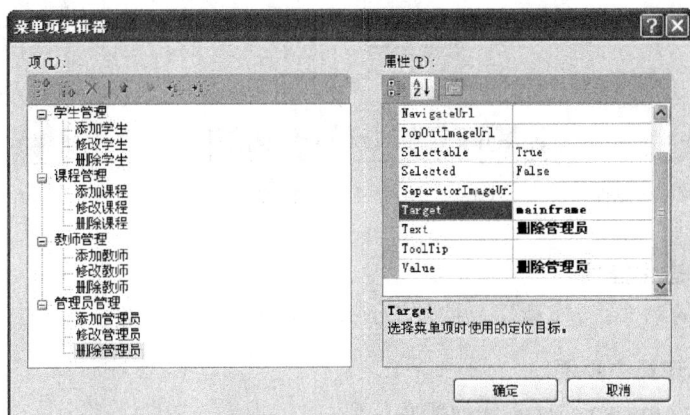

图 4-36　Menu 控件的菜单项

表 4-6　MenuItem 的常用属性

Text	NavigateUrl	Target
添加学生	~/Stu/AddStu.aspx	
修改学生	~/Stu/UpdateStu.aspx	
删除学生	~/Stu/DeleteStu.aspx	
添加课程	~/Course/AddCourse.aspx	
修改课程	~/Course/UpdateCourse.aspx	
删除课程	~/Course/DeleteCourse.aspx	mainframe
添加教师	~/Teacher/AddTeacher.aspx	
修改教师	~/Teacher/UpdateTeacher.aspx	
删除教师	~/Teacher/DeleteTeacher.aspx	
添加管理员	~/User_Admin/AddAdmin.aspx	
修改管理员	~/User_Admin/UpdateAdmin.aspx	
删除管理员	~/User_Admin/DeleteAdmin.aspx	

设计完成后的 Menu 控件呈竖排状态,效果如图 4-37 所示。

要使得控件为横排,可将 Menu 控件的 Orientation 修改为 Horizontal,横排后 Menu 控件样式如图 4-38 所示。

3. 添加 TreeView 控件

从工具箱的"导航"选项下拖曳 TreeView 控件到管理员主页面表格的第 2 行第 1 列单元格,加入后 TreeView 控件的初始样式如图 4-39 所示。

选中控件,单击">"符号后选择"编辑节点",在"TreeView 节点编辑器"中设置与 Menu 控件相同的菜单项,同时设置各菜单项的 Text、NavigateUrl、Target 属性与表 4-6 相同。

图 4-37　竖排 Menu 控件　　　　图 4-38　横排 Menu 控件　　　　图 4-39　TreeView 控件初始样式

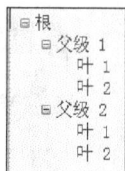

4．添加状态栏控件

合并表格的第 3 行，拖动用户控件 Bottom. ascx 到该单元格。

5．访问管理员主页面

1）修改 Login. aspx. cs 文件的跳转代码

原来的管理员登录成功后是重定位到 Update. aspx 页面，现在已设计管理员主页面，应让登录成功后转向管理员主页面，将语句"Response. Redirect（"stu/UpdateStu. aspx"）;"修改为"Response. Redirect（"Index_Admin. aspx"）;"即可，其他语句无须修改。

2）管理员主页面预览

管理员主页面由两个导航控件、一个 iframe 控件和状态栏组成，设计视图如图 4-40 所示。

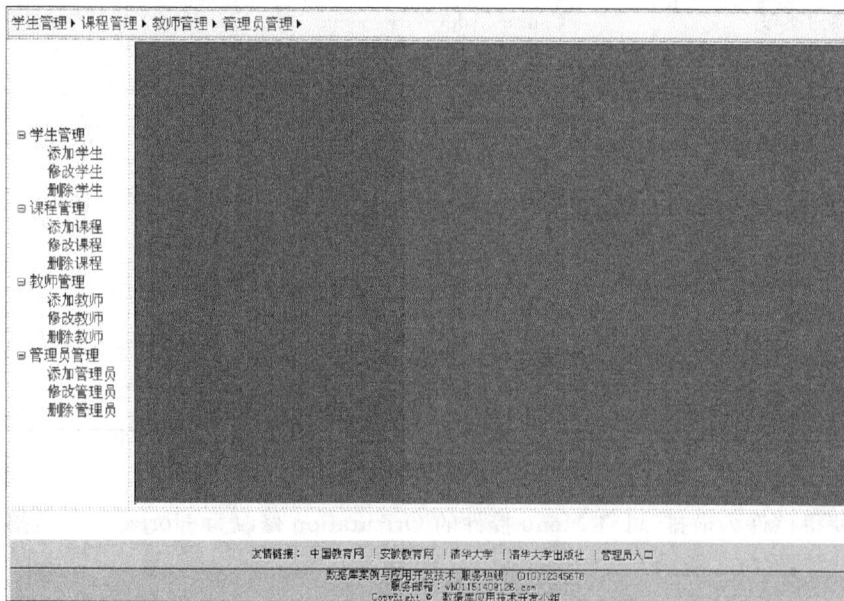

图 4-40　管理员主页面设计视图

运行后页面如图 4-41 所示，当单击导航控件中对应菜单命令时，将 NavigateUrl 属性所设置的页面显示在 iframe 中，即显示在控件名与 Target 属性值对应的控件中。

3）设置管理员主页面的安全性

管理员主页面应只允许成功登录的用户访问，实现这一功能可以用 Session 对象来

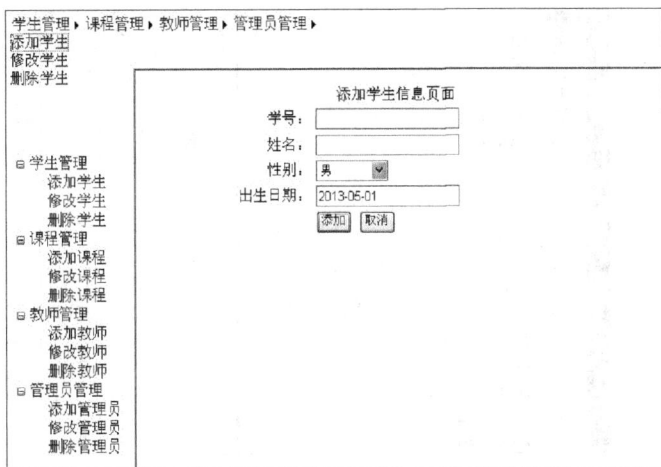

图 4-41 管理员主页面预览

进行判断，在 Login. aspx. cs 文件中保存了登录用户的用户名和密码，此时可以在 Index_ Admin. aspx. cs 文件的 Page_Load 事件中加上判断来实现，代码如下。

```
protected void Page_Load(object sender, EventArgs e)
    {
        if (Session["username"]==null)
        {
        WebMessage.Show("请登录后方可进入!", "Login.aspx");
        }
    }
```

当 Session["username"]的值为空时，提示出错信息并将页面转向 Login. aspx 页面，此时不可直接预览 Index_Admin. aspx 页面，必须先登录才行。

任务 4-4 设计并实现"学生选课页面"

4.4.1 功能分析

学生用户登录后要进行选课和修改密码，选课时可将该学生未选的课程列出来，然后进行选择；修改密码是将当前登录学生的密码修改，按照惯例必须输入两次方可修改成功。

显示学生未选课信息用 Visual Studio 2010 自带的数据控件 GridView 实现，它是一个以表格形式显示的数据控件，可以将 SQL Server 数据库中的数据显示出来，该控件默认存放在工具箱的"数据"选项下，如图 4-42 所示。

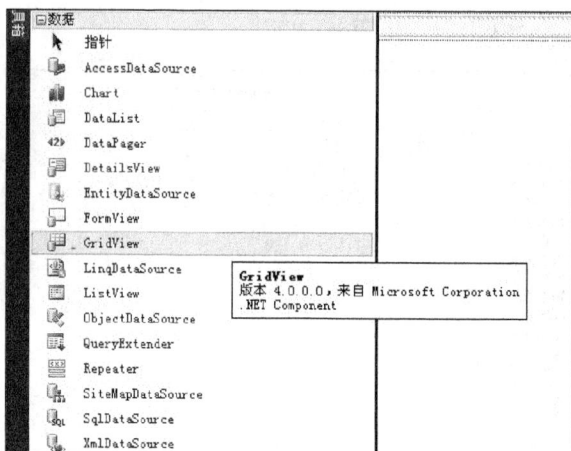

图 4-42 GridView 控件

4.4.2 功能实现

1. 选课功能

1）添加选课页面

为"学生选课管理系统"网站中的 Stu 文件夹添加名为 SelectCourse.aspx 的 Web 窗体。

2）添加 GridView 控件用于显示登录用户未选课程信息

（1）打开 SelectCourse.aspx Web 窗体的设计视图，添加表格布局，在其中添加一个 GridView 控件，添加后的初始布局如图 4-43 所示。

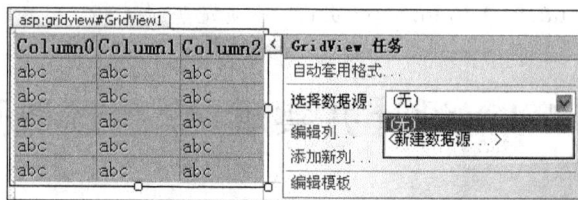

图 4-43　GridView 控件的初始视图

（2）要使用 GridView 控件显示数据表中的信息，需要配置数据源，在"GridView 任务"的"选择数据源"列表中选择"新建数据源"，在如图 4-44 所示的"选择数据源"菜单中选择"新建数据源"，弹出数据源配置向导，选择 SQL 数据库，此时自动指定数据源 ID 为 SqlDataSource1，然后单击"确定"按钮。

（3）进入"选择数据连接"界面，如图 4-45 所示，由于在任务 1-6 中已为 web.config 文件添加了数据连接节点，因此可从下拉列表中选择已有的 xkglcon 连接字符串，也可以单击"新建连接"按钮新建数据源，新建连接只需要进行简单的配置即可在 web.config 文件中添加新的连接节点。

　　　　　数据库开发案例教材

图 4-44　配置数据源向导之选择数据源

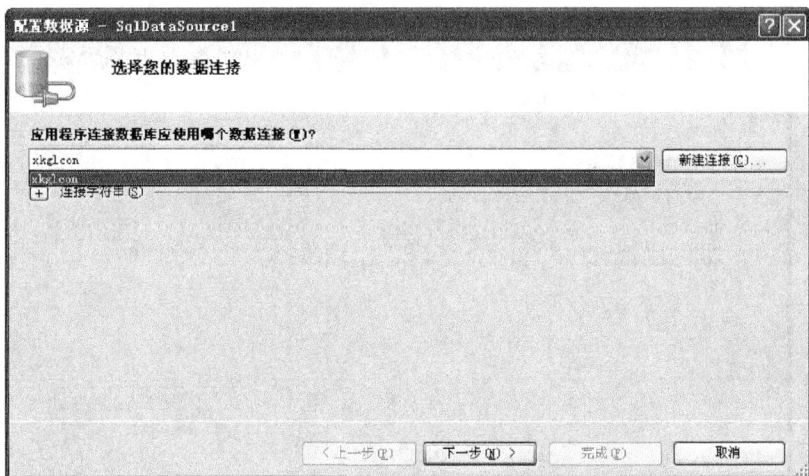

图 4-45　配置数据源向导之选择数据连接

（4）单击"下一步"按钮后，进入"配置 select 语句"界面，此时是将当前学生未选的课程的信息显示出来，因此不能将 course 表中的所有信息显示出来，因此选择"指定自定义 SQL 语句或存储过程"单选按钮，如图 4-46 所示。

（5）单击"下一步"按钮后，进入"定义自定义语句或存储过程"界面。在 SELECT 选项卡中，输入语句"select cno 课程编号，cname 课程名，xs 学时，skdd 上课地点，tname 授课教师 from course，teacher where course. tno＝teacher. tno and cno not in（select cno from stu_course where sno＝@sno）"，注意字段别名的使用，未选课的条件表示，@sno 局部变量的表示，设置别名后 GridView 控件中列标题将用别名显示，否则用字段名显示，如图 4-47 所示。

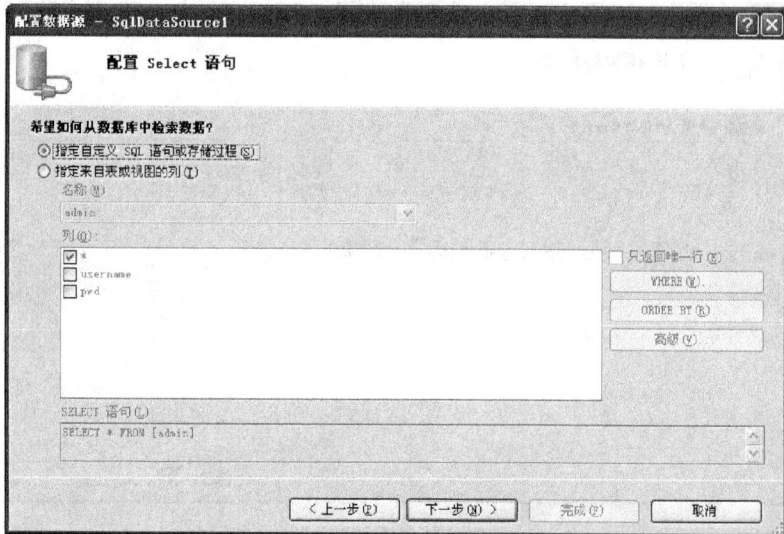

图 4-46 配置数据源向导之配置 select 语句

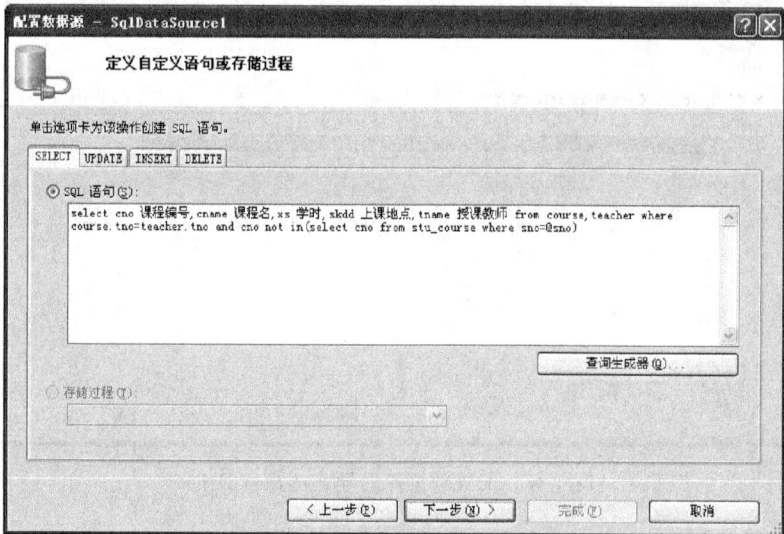

图 4-47 配置数据源向导之定义自定义语句或存储过程

（6）单击"下一步"按钮后，进入"定义参数"界面，配置如图 4-48 所示。在学生登录页面中用 Session 对象保存了用户登录时的用户名和密码，因此选择参数源为 Session，在 SessionField 文本框中输入 username，该值与 Session 对象中保存的名字一致。

（7）单击"下一步"按钮后，进入"测试查询"界面，可以输入一个值测试查询是否成功。单击"测试查询"按钮，弹出"参数值编辑器"对话框，输入值 2012001 并确定，如图 4-49 所示。

（8）测试查询结果如图 4-50 所示，显示了 2012001 同学的未选课的信息，注意字段名为别名。

—————— 数据库开发案例教材

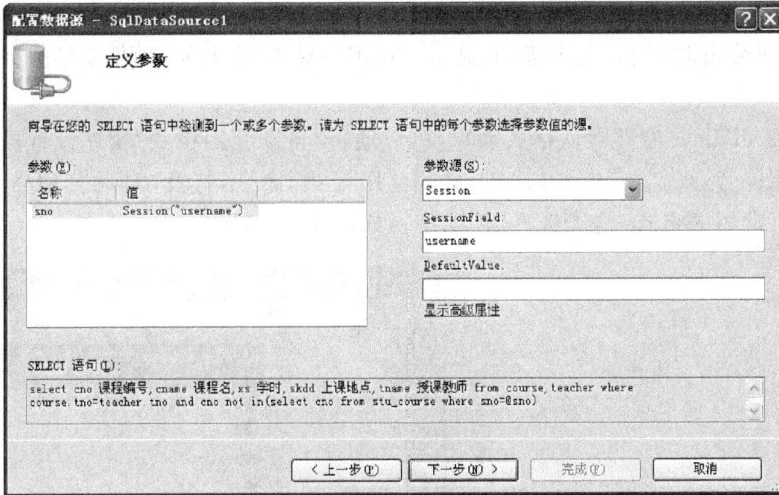

图 4-48　配置数据源向导之定义参数

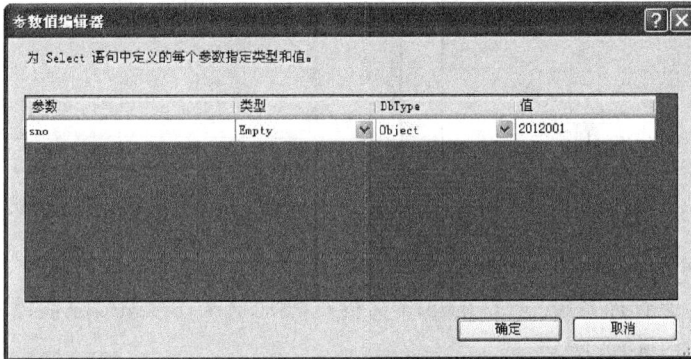

图 4-49　参数值编辑器

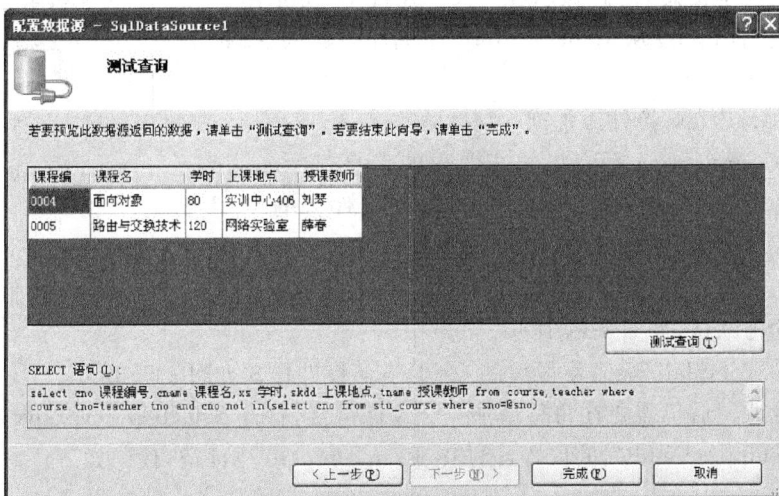

图 4-50　配置数据源向导之测试查询

（9）单击"完成"按钮，会在当前页面中添加一个名为 SqlDataSource1 的数据连接控件，该控件在编辑时显示，运行后不显示，GridView 控件上显示的内容也会有变化，如图 4-51 所示。

（10）GridView 控件默认格式简单，可以通过"自动套用格式"快速设置控件样式。

单击控件旁边的"＞"符号，选择"自动套用格式"命令，打开"自动套用格式"对话框。其中设置了常用的格式，这里选择"传统型"，如图 4-52 所示。

图 4-51　配置数据成功

图 4-52　自动套用格式

3）添加 SelectCourse1.aspx 窗体

向"学生选课管理系统"网站的 Stu 文件夹添加名为 SelectCourse1.aspx 的 Web 窗体，页面布局如图 4-53 所示。

该页面用于实现确认选课，需要再次确认所选课程的基本信息和用户基本信息，信息显示在 Label 控件中，防止用户修改。Label 控件的 ID 从 Label1～Label6，单击"确认"按钮实现选课。

4）为 GridView 控件添加列

SelectCourse.aspx 页面将未选课程的信息显示出来后，

图 4-53　页面布局

还需要一个供选课的链接，选择 GridView 控件旁的"＞"符号，选择"编辑列"命令，弹出"字段"对话框。选择可用字段中的 TemplateField 项，单击"添加"按钮，会在"选定的字段"列表中添加一项，修改该项的 HeaderText 值为"选课"，其他属性均为默认，如图 4-54 所示。

添加了 TemplateField 字段后的 GridView 控件样式如图 4-55 所示。

添加选课列后仍需要在每行增加一个选课链接，打开 SelectCourse.aspx 文件的源视图，找到 TemplateField 列的位置，添加＜ItemTemplate＞标记，代码如下。

```
<asp:TemplateField HeaderText="选课">
<ItemTemplate>
```

　　　　数据库开发案例教材

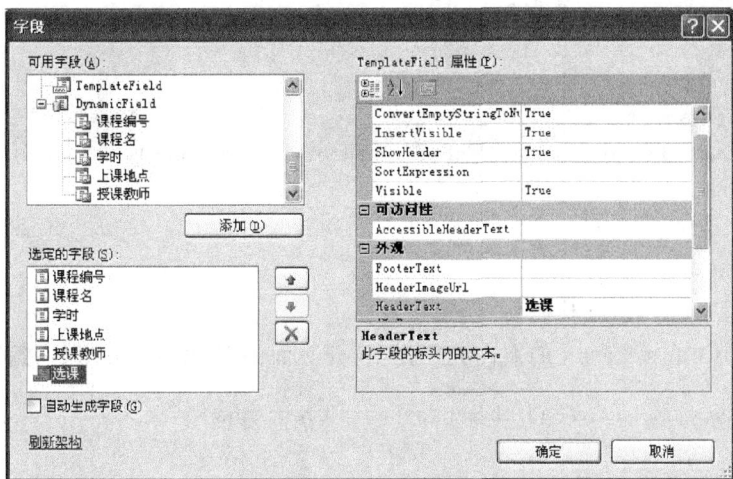

图 4-54　编辑列

```
<a href="#" onclick="window.open('SelectCourse1.aspx? cno=<%# Eval("课程编
号") %>','','width=500,height=500')">选修</a>
</ItemTemplate>
</asp:TemplateField>
```

添加"ItemTemplate"标记后的 GridView 控件样式如图 4-56 所示。

图 4-55　添加选课列

图 4-56　添加选课列

单击每行的"选修"按钮,以长宽均为 500px 的大小打开 SelectCourse1.aspx 页面,并提供一个查询字段 cno。

5) 改写 StuLogin.ascx 文件的重定位代码

打开 UserControl 文件夹下的 StuLogin.ascx 文件,修改"登录"按钮代码,将原本的转向 Update.aspx 文件的改为转向 SelectCourse.aspx 文件。

原本为"Response.Redirect("stu/UpdateStu.aspx");"修改后为"Response.Redirect ("stu/SelectCourse.aspx");"。

6) 编写 SelectCourse1.aspx 代码

(1) 添加引用。

```
using System.Data;                                    //因为要使用 DataTable 类
```

(2) 定义变量。

定义能在该文件中共享的变量,称为模块级变量,如下所示。

```
public partial class Stu_SelectCourse1 : System.Web.UI.Page
{
    string cno="";
    string sno="";
    protected void Page_Load(object sender, EventArgs e)
    {
    }
}
```

（3）编写 Page_Load 代码。

在 SelectCourse1.aspx 的空白处双击，打开页面的 Page_Load 事件，编写代码如下。

```
protected void Page_Load(object sender, EventArgs e)
    {
        if (Session["username"]==null)
        {
            this.form1.Visible=false;
            WebMessage.Show("请登录后方可进入!", "../Index.aspx");
        }
        else
        {
            cno=Request.QueryString["cno"].ToString ();
            sno=Session["username"].ToString();
            ConnSql con=new ConnSql();
            DataTable table=new DataTable();
            table=con.RunSqlReturnTable("select cno,cname,tname ,skdd from
            course,teacher where course.tno=teacher.tno and cno='"+cno+"'");
            if (table.Rows.Count >0)
            {
                Label1.Text=Session["username"].ToString ();
                Label2.Text=Session["sname"].ToString();
                Label3.Text=table.Rows[0][0].ToString();
                Label4.Text=table.Rows[0][1].ToString();
                Label5.Text=table.Rows[0][2].ToString();
                Label6.Text=table.Rows[0][3].ToString();
            }
            else
            {
                this.Label1.Text="出现错误,请重新选!";
            }
        }
    }
```

（4）编写"确认"按钮代码。

```
protected void Button1_Click(object sender, EventArgs e)
    {
```

```
ConnSql con=new ConnSql();
string sqltext="SELECT * FROM stu_course where cno="+cno+" and sno=
'"+sno+"'";
DataTable table=new DataTable();
table=con.RunSqlReturnTable(sqltext);
if (table.Rows.Count<=0)
{
    ConnSql con1=new ConnSql();
    string sqltext1="insert into stu_course(sno,cno) values("+sno+",
    '"+cno+"')";
    con1.RunSql(sqltext1);
    WebMessage.Show("选修成功!");
}
else
{
    WebMessage.Show("你已经选修该课程,请选修其他课程",
    "SelectCourse.aspx");
}
}
```

（5）关闭窗口代码。

关闭窗口用链接实现,打开 SelectCourse1.aspx 文件的源视图,输入如下代码:

```
<a href="javascript:window.close()">关闭窗口</a>
```

2. 修改密码功能

1) 新建窗体 ChangePwd.aspx

为网站 Stu 文件夹添加名为 ChangePwd.aspx 的 Web 窗体,页面布局如图 4-57
所示。

三个文本框的 TextMode 属性均为 password,
输入密码和确认密码时要求长度大于等于 6。

2) 在 SelectCourse.aspx 中增加链接

打开 SelectCourse.aspx 文件的设计视图,
从工具箱中选择 HyperLink 控件,添加到页面
中,设置属性如表 4-7 所示。

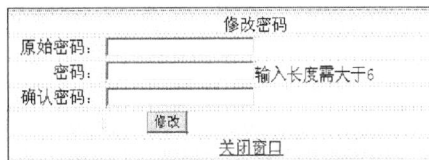

图 4-57　修改密码页面布局

表 4-7　HyperLink 控件属性设置

属性名	值	属性名	值
Text	修改密码	NavigateUrl	~/Stu/ChangePwd.aspx

3) 编写 ChangePwd.aspx 控件代码

（1）编写 Page_Load 事件代码。

修改密码页面只有当用户登录后才可以访问,否则用户没有登录就修改密码会给数

据带来灾难，要实现该功能，可以在页面的 Load 事件中编写如下代码。

```
protected void Page_Load(object sender, EventArgs e)
    {
//如果 Session 对象中的 username 没有值,则未登录,进行提示并转向登录页面
    if (Session["username"]==null)
    WebMessage.Show("你还没有登录,不能访问此页!", "../Index.aspx");
    }
```

（2）编写"修改"按钮 Click 事件代码如下。

```
protected void Button1_Click(object sender, EventArgs e)
    {
        string sqltext="";
        ConnSql con=new ConnSql();
        if (TextBox1.Text=="")
            WebMessage.Show("请输入原始密码!");
        else if (TextBox2.Text=="")
            WebMessage.Show("请输入密码!");
        else if (TextBox2.Text !=TextBox3.Text)
            WebMessage.Show("输入的两次密码不相同!");
        else if(TextBox2 .Text .Length<6)
            WebMessage .Show ("你输入的密码长度小于 6");
        else if (TextBox1.Text !=Session["password"].ToString())
            WebMessage.Show("你输入的原始密码不对!");
        else
        {
            sqltext="update student set password='"+TextBox2 .Text+"' where
            sno='"+Session ["username"].ToString ()+"'";
            con.RunSql(sqltext);
            Session["password"]=TextBox2.Text;
            WebMessage.Show("修改密码成功!","SelectCourse.aspx");
        }
    }
```

实验 11　安全管理

【实验目的】

（1）能够设置服务器的安全认证模式。
（2）能够完成登录账户的新建、修改和删除等管理任务。
（3）能够完成数据库用户的新建、修改和删除等管理任务。

（4）能够完成权限的基本操作。

【实验要求】

（1）已学习完任务 4-1。
（2）认真独立完成实验内容。
（3）根据实验情况填写实验报告。

【建议实验学时】

2 学时。

【实验指导】

（1）使用系统存储过程 sp_addlogin，创建登录账户 Login1，密码为 123，然后在数据库 READBOOK 中创建用户 User1，使其所对应的账号为 LoginA，在命令窗口中输入如下命令。

```
sp_addlogin 'Login1','123'          --创建登录名 Login1,密码为 123
GO
USE READBOOK                        --打开数据库 READBOOK
EXEC sp_adduser 'Login1','User1'
       --使用系统存储过程 sp_adduser 在 READBOOK 中创建基于登录名 Login1 的用户 User1
```

可以使用系统存储过程 sp_grantdbaccess 创建基于登录名 Login1 的用户 User1，语句如下：

```
sp_grantdbaccess 'login1','User1'
```

（2）在数据库 READBOOK 中新建一个角色 Role1，并把用户 User1 加入到这个角色中，在命令窗口中输入如下命令。

```
USE READBOOK
Go
sp_addrole 'Role1'                  --创建数据库角色 Role1
GO
sp_addrolemember 'Role1','user1'    --将用户 user1 加入到角色 Role1
```

（3）将 READBOOK 数据库中图书表的 select 权限授予 Role1，在命令窗口中输入如下命令。

```
USE READBOOK
Go
GRANT SELECT ON 图书 to Role1        --将图书表的 select 权限授予数据库角色 Role1
```

（4）将 READBOOK 数据库中图书表和读者表的 select 权限授予 User1，READBOOK 数据库中创建表的许可授予 User1，命令如下。

```
USE READBOOK
Go
GRANT SELECT ON 图书 TO User1
GRANT SELECT ON 读者 TO User1
GRANT CREATE TABLE TO User1
```

（5）否决 User1 在读者表的 select 权限。

```
USE READBOOK
GO
DENY   SELECT ON 读者 TO User1
```

（6）收回 User1 在图书表的 select 权限。

```
USE READBOOK
GO
REVOKE SELECT ON 图书 TO User1
```

（7）从角色 Role1 中去除用户 User1。

```
USE READBOOK
GO
sp_droprolemember Role1,user1
```

（8）从数据库 READBOOK 中删除用户 User1。

```
sp_revokedbaccess 'User1'
```

（9）从数据库 READBOOK 中删除角色 Role1。

```
USE READBOOK
GO
sp_droprole Role1
```

注意：在删除角色之前应先将该角色的成员先删除，否则无法删除，由于在第（7）题中已经删除该角色的成员 User1，所以就可以直接删除该角色了。

（10）从 SQL Server 中删除登录账户 Login1。

```
sp_droplogin login1
```

注意：在删除登录账号之前，应先将登录账号所对应的用户账号全部删除，不然将无法删除登录账号。

【实验内容】

（1）查看当前服务器的安全认证模式，并将结果截屏到实验报告。

（2）创建一个登录账号 LoginA，密码为 123456，并赋予其系统管理员角色（即 sysadmin）。

（3）创建一个登录账户 LoginB，密码为 123456，默认数据库选 EDUC，不修改其他属性。

（4）在 EDUC 数据库中创建一个用户 User1，关联到登录账户 LoginB。

（5）将 stu 数据表的 SELECT、ALTER、DELETE、UPDATE 权限赋予 User1。

（6）删除用户 User1。

（7）删除登录账户 LoginB。

项目 **5** 发布并部署"学生选课管理系统"

【能力要求】

- 能够发布网站；
- 能够配置 Internet 信息服务器，并在服务器上部署"学生选课管理系统"，使得客户端通过 IE 浏览器访问"学生选课管理系统"中的相关页面。

【任务分解】

- 任务 5-1　发布"学生选课管理系统"。
- 任务 5-2　配置并部署"学生选课管理系统"服务器。

【教学重难点】

- Internet 信息服务器的配置；
- "学生选课管理系统"的部署。

【自主学习内容】

发布并部署"邮箱应用系统"，通过客户机浏览器访问"邮箱应用系统"的相关页面。

任务 5-1　发布"学生选课管理系统"

1. 发布网站的方法

基于保护代码和其他原因，当网站开发完成后，通常要发布，发布网站的方法主要有三种。

（1）使用 Visual Studio 提供的打包功能将网站打包成安装文件，在服务器上安装即可。打包后的网站在部署时通常要进行一系列设置，因此很少使用这种方法来发布网站。

（2）使用 Xcopy 方式，将所有页面文件连同相应的资源文件，以及编译之后的 dll 文件，按照开发时的目录组织结构复制到指定位置，然后将文件再复制到服务器中即可。

（3）使用 VIsual Studio 菜单提供的发布命令来发布，是一种简单易用的方法，发布后的文件，会将所有 cs（即脚本代码）文件全部转换为 dll 文件，有利于保护代码并对代码进行编译,提高执行效率。

2. 使用菜单命令方式发布网站

菜单命令发布"学生选课管理系统"网站的步骤如下。

(1) 启动 Visual Studio 2010。

(2) 从"文件"→"打开"→"网站"命令中打开"学生选课管理系统"网站。

(3) 在"解决方案资源管理器"的网站路径上右击菜单中选择"发布网站"命令,或执行"生成"→"发布网站"命令,均可打开"发布网站"对话框,输入或选择发布网站的目标位置,这里输入 E:\xkgl,确定后即可将"学生选课管理系统"网站发布后的文件全部存储在 E 盘 xkgl 文件夹中,如图 5-1 所示。

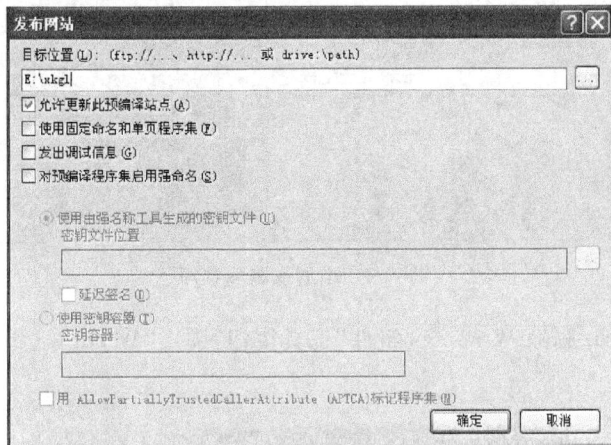

图 5-1 "发布网站"对话框

可将发布后的文件复制到网站服务器上,进行部署。

任务 5-2 配置并部署"学生选课管理系统"服务器

5.2.1 基本组件配置

1. 操作系统版本要求

Windows 操作系统与微软公司开发的其他软件一样,都有很多种版本,如果你的网站访问量不多,可以部署到普通版本的操作系统上。为了加大网站的访问吞吐率,最好选择 Server 版本的操作系统,本教材选择 Microsoft Windows Server 2003。

优良的计算机硬件同样可以加大网站的吞吐率及安全性,因条件限制,本教材以普通 PC 作为服务器的硬件设备。

2. IIS 组件配置

最关键的是在操作系统中配置 IIS 组件,配置 IIS 步骤如下。

（1）打开控制面板中的"添加或删除程序"，如图 5-2 所示。

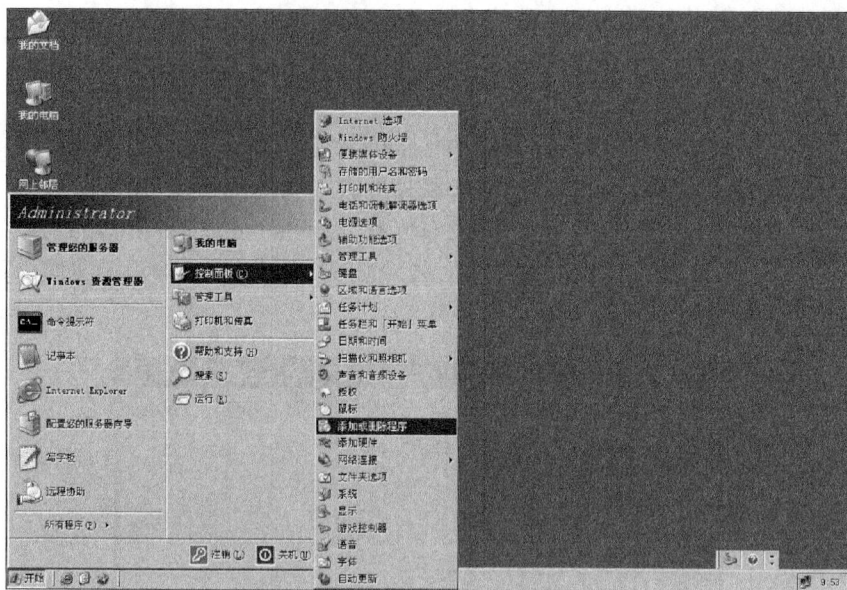

图 5-2　添加或删除程序

（2）单击"添加/删除 Windows 组件"工具按钮，弹出"Windows 组件向导"对话框，如图 5-3 所示。

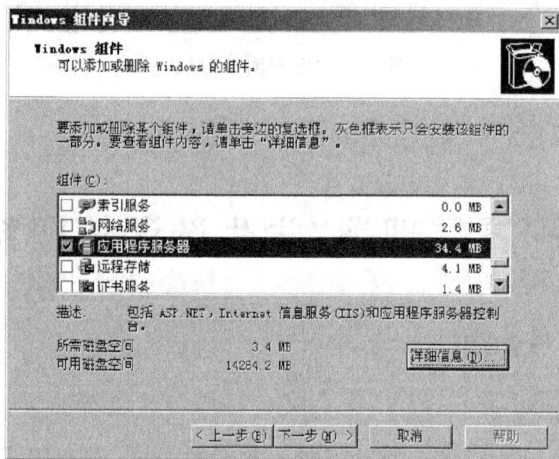

图 5-3　Windows 组件向导

选中"Windows 组件向导"对话框中的"应用程序服务器"项后，单击"详细信息"按钮，如图 5-4 所示，可以看到"Internet（信息服务 IIS）"项前的复选框已选中，且后面的大小不是 0.0M，表明当前计算机已安装 IIS。

若没有安装，需要安装 IIS，安装期间需要使用 i386 文件夹，安装过程此处不再介绍。

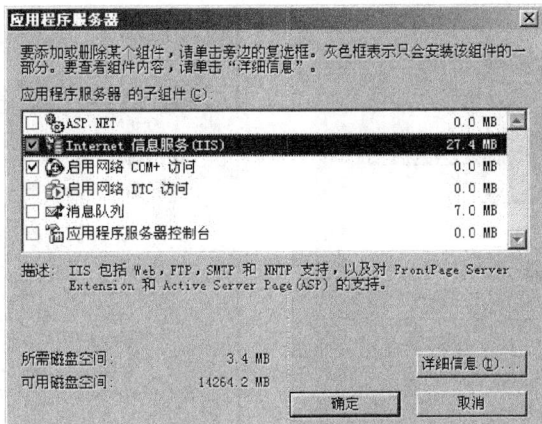

图 5-4 应用程序服务器

5.2.2 软件需求

1. 数据库管理系统

可以将数据库系统与 Web 服务器放在同一台计算机，也可以放在不同的计算机，本例将数据库服务和 Web 服务都设置在同一台机器，此时需要在 Web 服务器上安装 SQL Server 2008 系统，Visual Studio 2010 无须安装。

2. 配置. NET FrameWork 4.0

Visual Studio 2010 开发的网站在部署时需要. NET FrameWork 4.0 的支持，因此要在 Web 服务器计算机上安装并配置. NET FrameWork 4.0，安装文件可以在网络上搜索并下载安装，安装 Microsoft Visual Studio 2010 也会同时安装. NET FrameWork 4.0。

5.2.3 部署"学生选课管理系统"网站

1. 设置 web 服务器主机 IP

在桌面上的"网上邻居"图标上右击，在弹出的菜单中选择"属性"命令，弹出当前主机的网络连接窗口，如图 5-5 所示。

在"本地连接"图标上右击，在弹出的菜单中选择"属性"命令，弹出"本地连接 属性"对话框，如图 5-6 所示。

在"本地连接 属性"对话框中选中"Internet 协议（TCP/IP）"项，单击"属性"按钮，在弹出的"Internet 协议（TCP/IP）属性"对话框中设置主机的 IP 地址为 192.168.5.11，子网掩码为 255.255.255.0，如图 5-7 所示。

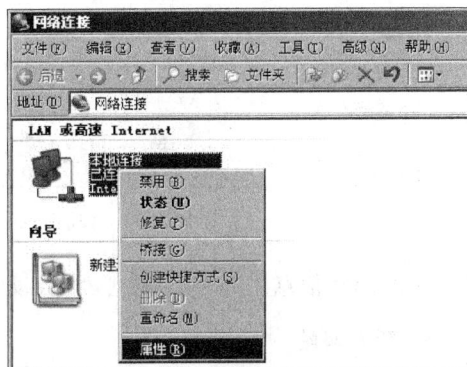

图 5-5 应用程序服务器

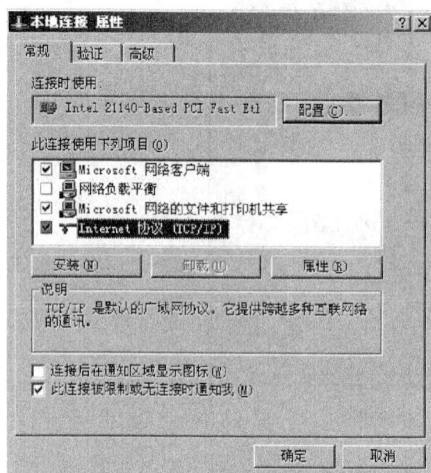

图 5-6　本地连接属性

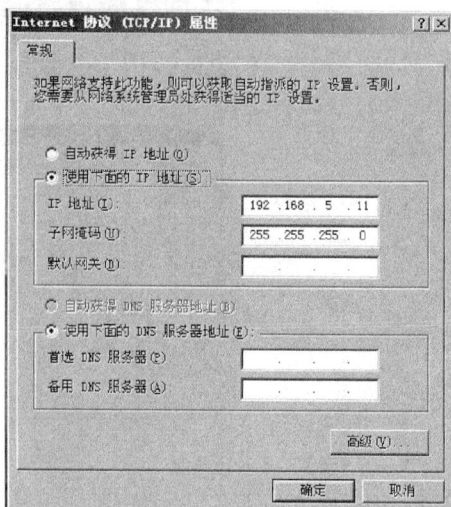

图 5-7　设置本机 IP 地址

2. 启动 Internet 信息服务

从"开始"菜单中选择"管理工具"中的"Internet 信息服务(IIS)管理器",如图 5-8 所示。

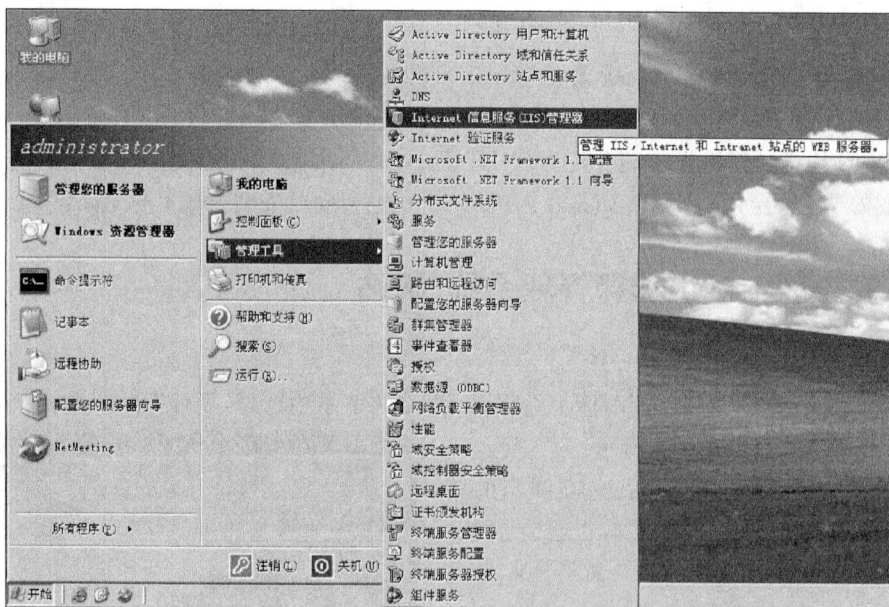

图 5-8　启动 Internet 信息服务(IIS)管理器

"Internet 信息服务(IIS)管理器"启动后的初始状态如图 5-9 所示。

3. 新建网站

(1) 将任务 5-1 发布后的网站文件夹 xkgl 复制到服务器的 C 盘根目录下。在

　　　　　　　　　数据库开发案例教材

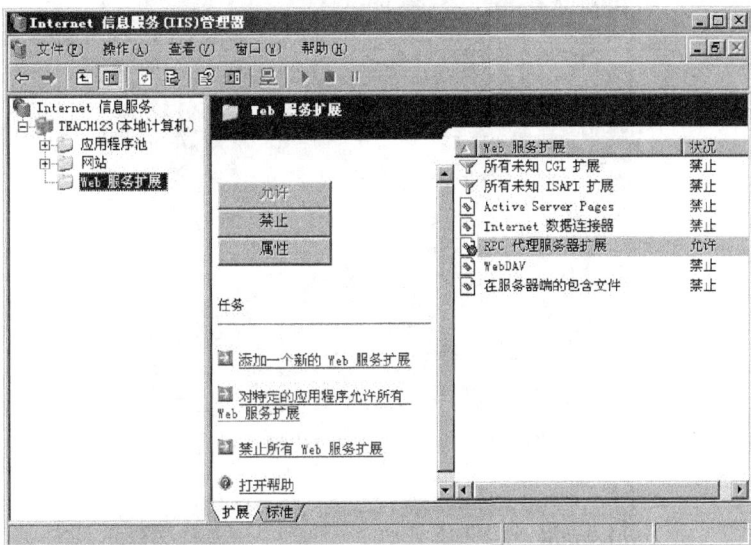

图 5-9　Internet 信息服务(IIS)管理器

"Internet 信息服务(IIS)管理器"左侧的树形资源管理器中的"网站"文件夹处右键菜单中选择"新建"→"网站"命令,如图 5-10 所示。

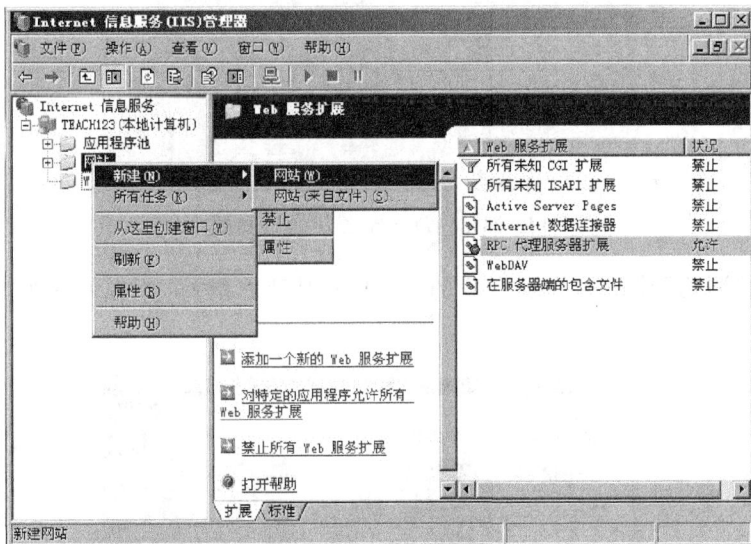

图 5-10　新建网站

(2) 弹出新建网站向导,单击"下一步"按钮,进入"网站描述"页面,输入网站描述字符为 xkgl,如图 5-11 所示。

(3) 单击"下一步"按钮,进入"IP 地址和端口设置"页面,在"网站 IP 地址"下拉列表中选择 192.168.5.11 项,端口采用默认的 80 端口号,如图 5-12 所示。

(4) 单击"下一步"按钮后,进入"网站主目录"设置页面,在"路径"文本框中输入 C:\

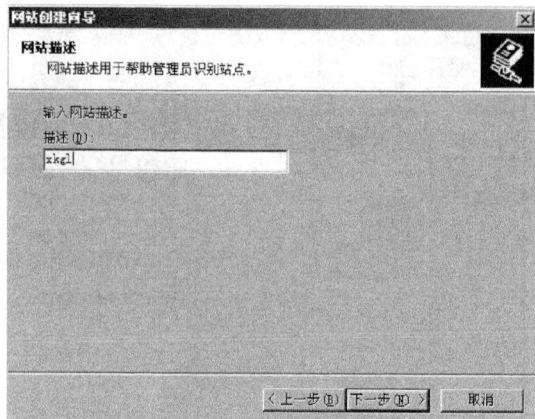

图 5-11　网站创建向导之网站描述

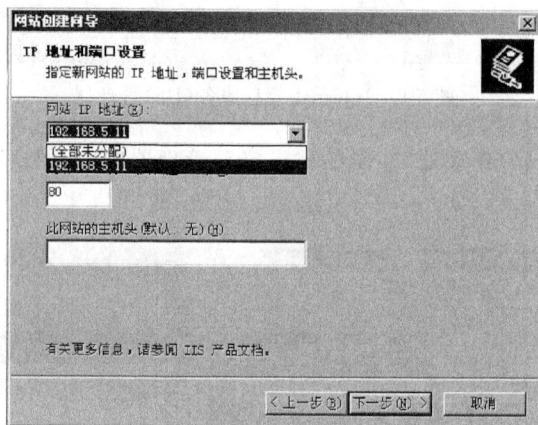

图 5-12　网站创建向导之 IP 地址和端口设置

xkgl 或通过"浏览"按钮选择发布后的"学生选课管理网站"所在的文件夹，如图 5-13
所示。

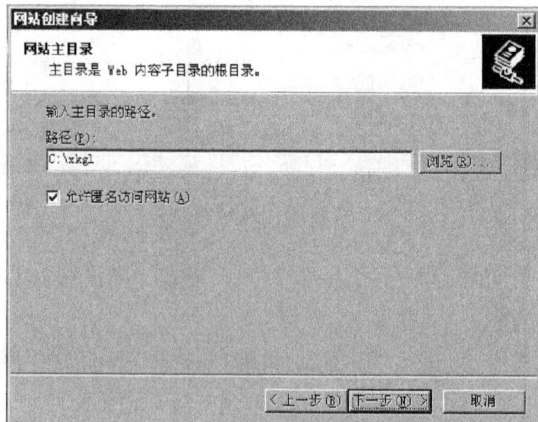

图 5-13　网站创建向导之网站主目录

————————————— 数据库开发案例教材

（5）单击"下一步"按钮后，进入"网站访问权限"页面，设置权限如图 5-14 所示。

（6）单击"下一步"按钮后即可完成网站的创建，网站创建成功后的初始状态如图 5-15 所示。

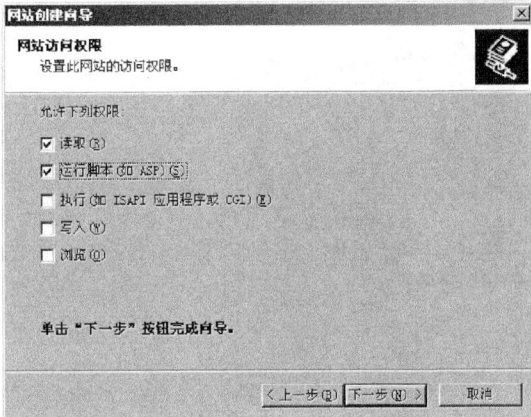

图 5-14　网站创建向导之网站访问权限

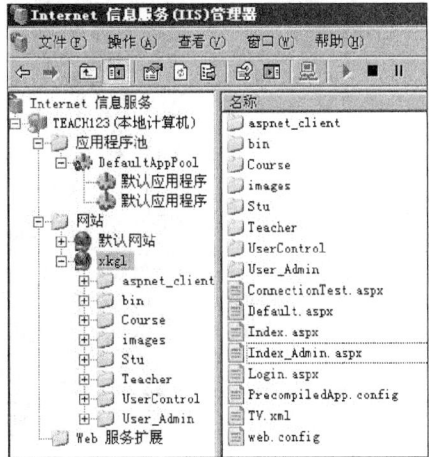

图 5-15　网站初始状态

网站创建成功后若没有正确配置，是不能通过 IE 浏览器访问的，主要是对网站属性的配置。

4. 配置网站属性

在图 5-15 左侧的树形结构中选中网站中的 xkgl，在右键菜单中选择"属性"命令，弹开网站属性对话框，如图 5-16 所示，若计算机没有安装.NET FrameWork，则没有 ASP. NET 标签。"网站"选项卡中包括当前网站的 IP 地址、端口号等网站配置，部分配置已经在创建网站向导中设置，若向导中未配置或要更改向导中的配置，可在该选项卡中更改。

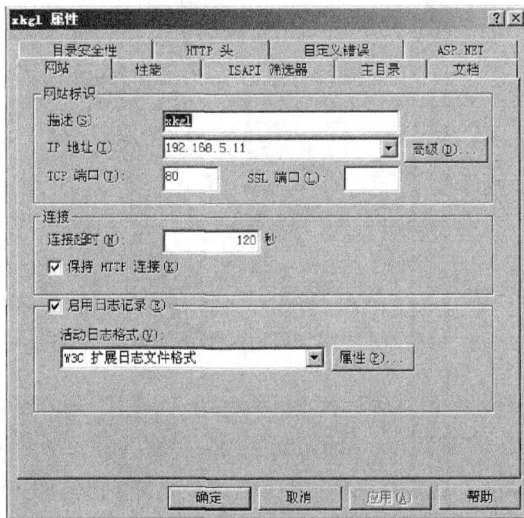

图 5-16　网站属性之网站

"主目录"选项卡如图 5-17 所示，显示当前网站资源所存放的路径、权限等设置。

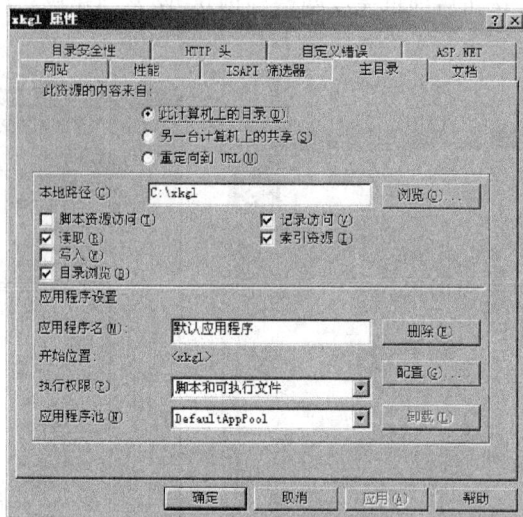

图 5-17 网站属性之主目录

"文档"选项卡设置如图 5-18 所示。"学生选课管理系统"的首页为 Index. aspx，若文档列表中没有该项，单击"添加"按钮添加该项，并单击"上移"按钮使得 Index. aspx 项位于最上。

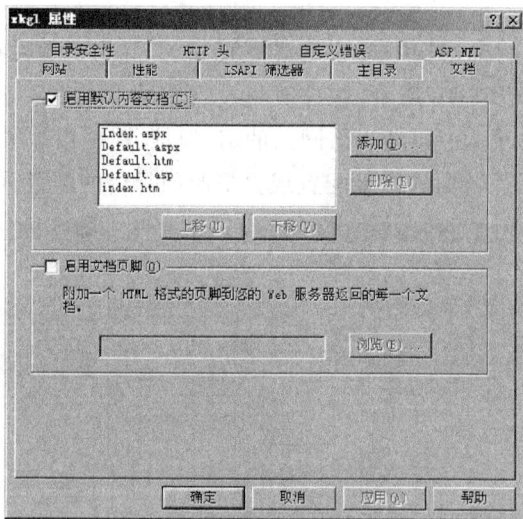

图 5-18 网站属性之文档

ASP. NET 选项卡设置最关键，因网站使用 Visual Studio 2010 开发，ASP. NET version 项必须选择 4.0(若是 Visual Studio 2005 开发的选 2.0 即可)，如图 5-19 所示。

单击 Edit Configuration 按钮，编辑当前网站的配置(Edit Global Configuration 用于配置所有服务器)，如图 5-20 所示，General 选项卡上显示了连接字符串管理以及 Application 设置。

———————— 数据库开发案例教材

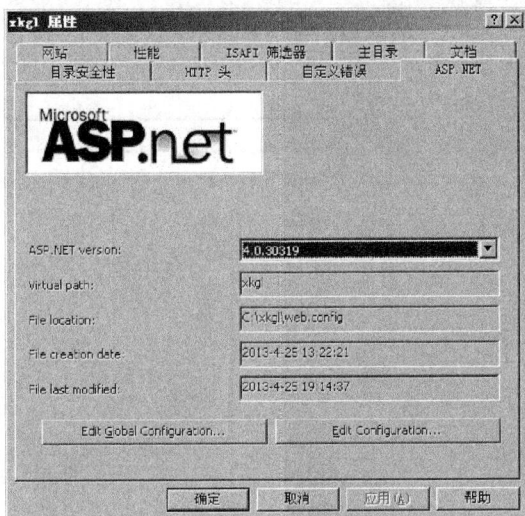

图 5-19 网站属性之 ASP.NET

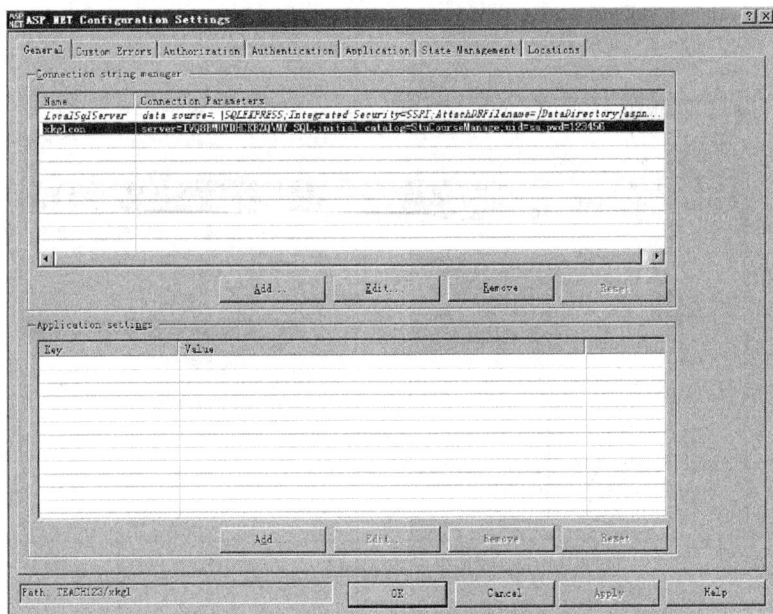

图 5-20 ASP.NET 配置之 General

Application 选项卡设置如图 5-21 所示，Page language default 项选择 C♯ 或 Request encoding 项选择 utf-8。

其他选项设置可采用默认值。

5. Web 服务扩展设置

在"Internet 信息服务(IIS)管理器"中选择"Web 服务扩展"项，将 ASP.NET v4.0 状态设置为"允许"；若为禁止，则访问网站资源将出错，如图 5-22 所示。

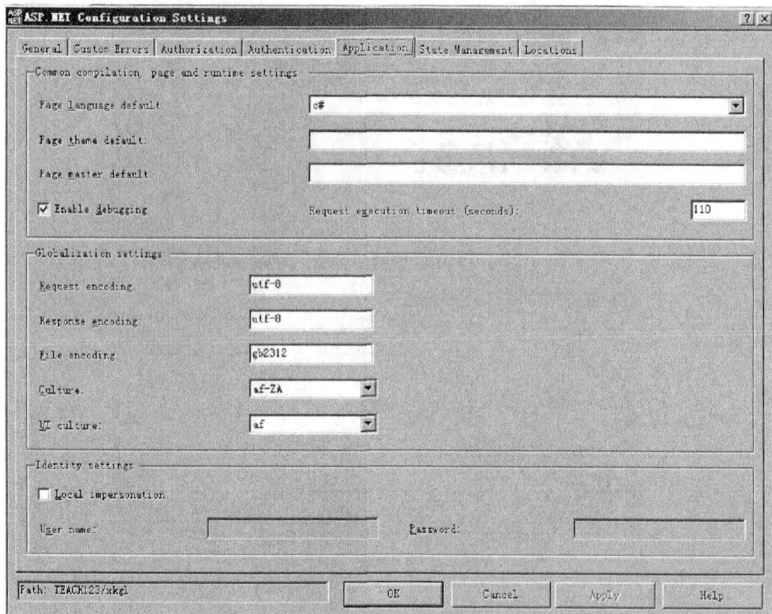

图 5-21 ASP.NET 配置之 Application

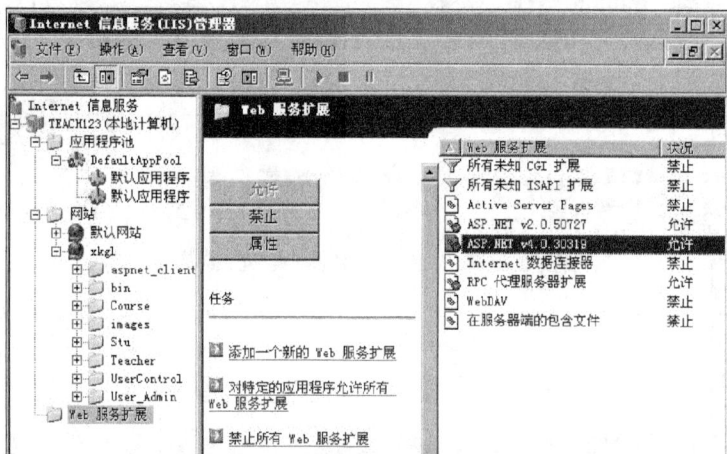

图 5-22 Web 服务扩展配置

6. 通过 IE 浏览器访问网站资源

（1）测试网站。

首先要保证网站处于"启动"状态，然后在"Internet 信息服务（IIS）管理器"中选中 xkgl 项，在右键菜单中选择"浏览"命令。若在右侧窗口中弹出网站首页的运行界面，表明网站部署成功，如图 5-23 所示。

（2）本机访问。

本机是指部署"学生选课管理系统"网站的计算机，在地址栏内输入地址 http://192.168.5.11，即可打开"学生选课管理系统"网站首页。

图 5-23　测试网站

（3）其他计算机访问。

其他计算机一定要有能够访问服务器计算机的权限，且网络相通，同样通过 http://192.168.5.11 地址访问。

参 考 文 献

［1］李岩,张瑞雪.SQL Server 2005 实用教程.北京:清华大学出版社,2008.

［2］吴晨.ASP.NET＋SQL Server 数据库开发与实例.北京:清华大学出版社,2007.

［3］李小英.SQL Server 2005 数据原理与应用基础.北京:清华大学出版社,2008.

［4］汤承林.SQL Server 数据库实例教程.北京:北京大学出版社,2010.

［5］李锡辉,朱清妍.SQL Server 2008 数据库案例教程.北京:清华大学出版社,2012.

［6］李文峰.SQL Server 2008 数据库设计高级案例教程.北京:中航出版传媒有限责任公司,2012.

［7］谢邦昌,郑宇庭,苏志雄.SQL Server 2008 R2:数据挖掘与商业智能基础及高级案例实战.北京:中国水利水电出版社,2011.

［8］张正礼.ASP.NET 4.0 网站开发与项目实战(全程实录).北京:清华大学出版社,2012.

［9］Bill Evjen,Scott Hanselman,Devin Rader,李增民.ASP.NET 4 高级编程:涵盖 C♯ 和 VB.NET(第 7版).北京:清华大学出版社,2010.